KB023174

≫나무병해 도감

나무병해도감

펴낸날 2008년 7월 21일 초판 1쇄
2011년 7월 15일 초판 3쇄

지은이 강전유 외
펴낸이 이태권
펴낸곳 소담출판사
서울시 성북구 성북동 178-2 (우)136-020
전화 745-8566~7
팩스 747-3238
e-mail sodam@dreamsodam.co.kr
등록번호 제2-42호(1979년 11월 14일)
홈페이지 www.dreamsodam.co.kr

ISBN 978-89-7381-939-3 03520
ISBN 978-89-7381-937-9(세트)

*책값은 뒤표지에 있습니다.
*잘못된 책은 구입하신 곳에서 교환해드립니다.

나무병해 도감

강전유 외 지음

소담출판사

나무병해도감 차례

발간사

인간과 밀접한 관계를 가지고 있는 나무를 잘 보호하고 관리하면 우리 인간은 정신적 · 신체적으로 많은 도움을 받게 됩니다. 나무가 병이 들면 수세가 쇠약해지고 심하면 고사까지 하게 되는데 거기에는 반드시 원인이 있습니다. 나무 의사는 그 피해 원인을 정확히 찾아내어 원인에 맞게 나무를 치료해야 합니다. 사람도 병이 났을 때 병원에서 정확한 병명을 알아야 제대로 된 치료를 하고 완치를 할 수 있는 이치와 같습니다. 심장이 나쁘면 심장을, 간이 나쁘면 간을, 혈압이 높으면 혈압을 치료해야 정상적으로 활동할 수 있습니다.

나무가 병이 난 원인은 크게 나무 자체의 생리적 원인에서 오는 병, 병충해로 인한 병, 기후 조건으로 인한 병, 사람의 인위적인 피해로 인한 병으로 나눌 수 있습니다. 생리적 원인에서 오는 병은 수목의 생리 기능, 즉 잎이나 줄기, 뿌리의 생리 기능 중 어느 한 부분이 비정상적으로 기능할 때 일어나는 병이고, 병충해로 인한 병은 병균이나 해충의 피해를 받아 나타나는 병입니다. 기후 조건으로 인한 병(기상적 피해)은 고온, 저온, 태풍, 강풍, 폭설 등에 의하여 나타나는 병이고, 인위적인 피해로 인한 병은 사람들의 잘못된 관리로 인하여 환경을 변화시키거나 약제 처리 잘못 등으로 병을 일으키는 것입니다.

이들 병을 치료하는 데 도움을 주고자 2001년 12월에 『수목치료의술』이라는 책을 발간하였습니다. 그러나 책이 크고 무거워서 사무실용으로는 적합하나 현장에 가지고 다니기에는 불편했습니다. 가지고 다니기에 편리하도록 작게 만들어달라는 요구가 있어 이번에 쉽게 소지할 수 있는 판형으로 다시 집필하였습니다.

여기에서는 피해 상태, 생태, 병징, 방제법을 간략하게 약술하였고, 사진을 되도록 많이 실었습니다. 그리고 최근 정리된 병충해와 공해 피해, 약해, 토양 환경 피해 등을 추가하여 두 권으로 나누어 발간하게 되었습니다. 1권은 "해충" 편이고 2권은 "병해" 편으로 2권에는 기상적 피해, 약해 피해, 공해 피해, 환경 변화에 의한 피해, 사람의 잘못된 관리에 의한 피해 등을 추가하였습니다.

아무쪼록 현장에 소지하고 다니면서 정확한 피해 원인을 진단하고 치료하는 데 도움이 되기를 바랍니다. 여기에 수록되는 각종 피해 사진은 나무 치료를 32년(1976~2007년) 동안 하면서 발생된 각종 피해를 사진으로 찍고 기록한 것입니다. 앞으로 새로 나타나는 각종 피해와 사진 자료는 추후에 추가하겠습니다. 원고를 기꺼이 출판해준 소담출판사 사장님과 원고를 작성함에 있어 많은 도움을 주신 정근조 원장님께 진심으로 감사드립니다.

2008년 6월

저자 씀

소나무잎떨림병(엽진병)

학명 _ *Lophodermium pinastri* (Schrader ex Fries) Chevallier

소나무잎떨림병(엽진병) 피해를 입은 나무

❶ 피해 상태

환경 조건, 토양 조건, 유기물 상태 등과 밀접한 관계가 있다.

❷ 생태 및 병징과 표징

7~9월경 잎에 회녹색의 침입 반점이 생기지만 뚜렷하지는 않다. 다음 해 3~5월경 잎이 갈색으로 변하며 조기 낙엽된다. 낙엽된 잎에 농갈색의 선(격막)이 여러 개 나타나고 그 선 사이에 타원형의 흑색 반점(자낭반)이 생긴다.

❸ 병원균

자낭반의 크기는 1.0~2.5×0.5~1.2㎜이다.

❹ 방제법

- 약제 _ 베노밀 수화제(벤레이트, 다코스),
  만코제브 수화제(다이센엠-45, 만코지),
  클로로탈로닐 수화제(다코닐, 금비라, 새나리)
- 시기 _ 6~9월
- 방법 _ 약종별로 500~1,000배 희석액을 2주 간격으로 지속적 살포

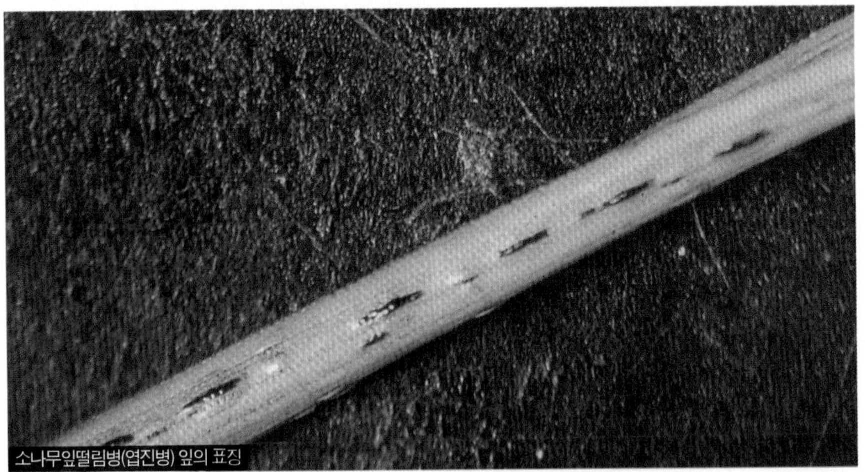
소나무잎떨림병(엽진병) 잎의 표징

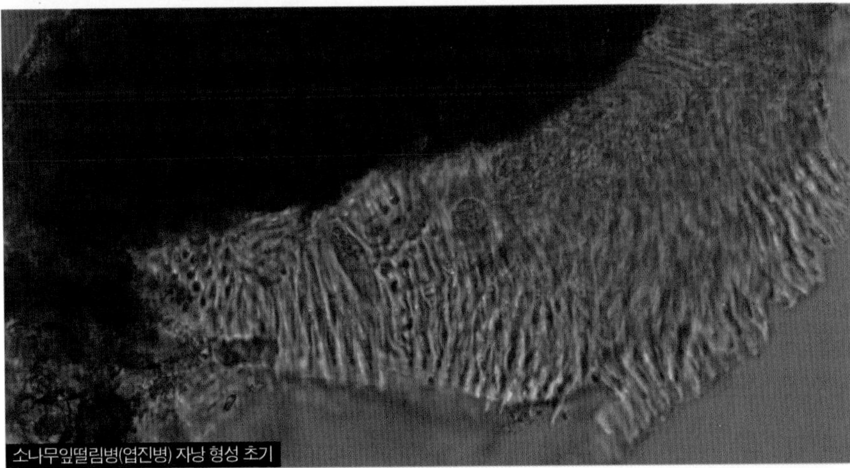
소나무잎떨림병(엽진병) 자낭 형성 초기

소나무 잎떨림병(엽진병) 자낭과 자낭포자

소나무써코스포라엽고병

학명 _ *Pseudocercospora pini-densiflorae* (Hori et Nambu) Deighton
Cercospora pini-densiflorae Hori et Nambe

소나무써코스포라엽고병 피해를 입은 나무

❶ 피해 상태

병든 당년도 잎은 갈색으로 변하며, 조기 낙엽되거나 그대로 가지에 붙어 있다.

❷ 생태 및 병징과 표징

5월~6월경 띠 모양의 황색 병반이 건전부와 교대로 생기며 병이 진전됨에 따라 갈색으로 변하고 회색 부분에 작은 균체(자좌)가 나타난다.

❸ 병원균

불완전균으로 자좌의 크기는 63~70㎛이며 구형이고, 분생포자는 구부러져 있으며 3~7개의 격막이 있고 크기는 24~75×3.5~5.5㎛ 정도다.

❹ 방제법

- 약제 _ 코퍼하이드록사이드 수화제(쿠퍼, 코사이드), 동 수화제(옥시동, 신기동, 포리동), 클로로탈로닐 수화제(다코닐, 금비라, 새나리)
- 시기 _ 4월 중순~5월 초순
- 방법 _ 약종별로 500~1,000배 희석액을 10~15일 간격으로 2~3회 살포

소나무쎠코스포라엽고병 피해를 입은 나무

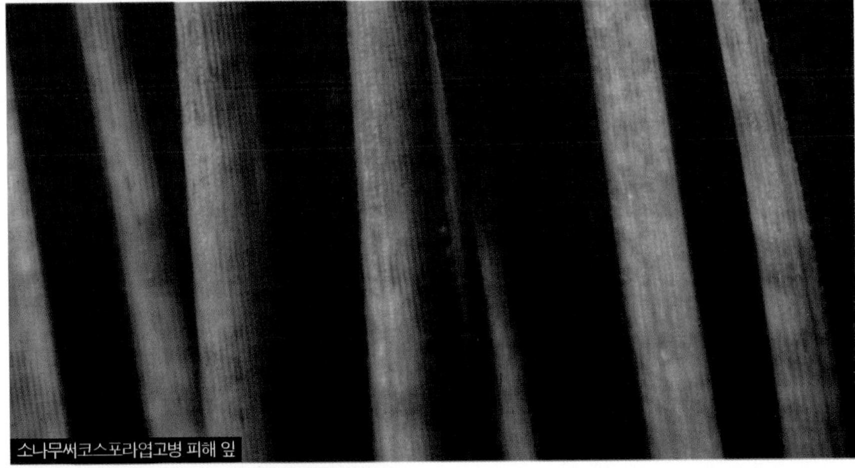
소나무쎠코스포라엽고병 피해 잎

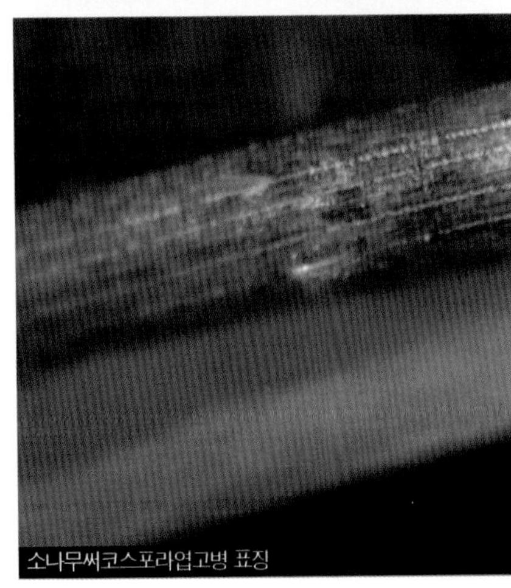
소나무쎠코스포라엽고병 표징

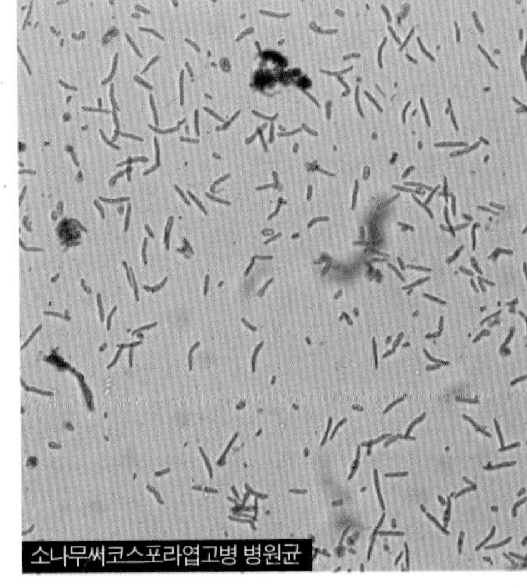
소나무쎠코스포라엽고병 병원균

소나무디플로디아잎마름병(선고병)

학명 _ *Diplodia pinea* (Desmazieres) Kickx
Sphaeropsis sapinea (Fr.) Dyko et B.Sutton

소나무디플로디아잎마름병 피해를 입은 나무

❶ 피해 상태

특히 소나무류에 피해가 많이 발생하며 잎과 신초가 적갈색으로 변색되면서 고사한다. 리기다푸사리움가지마름병과 흡사하다.

❷ 생태 및 병징과 표징

6~7월경 잎이 갈변하고 당년도 신초가 꼬부라지며 고사한다. 피해 가지는 송진이 나오며 병든 잎이나 고사된 가지에는 흑색의 반점(병자각)이 나타난다.

❸ 병원균

병자포자는 타원형 또는 장타원형으로 보통 격막은 없으나 1개의 격막이 있는 것도 있다. 크기는 22.5~37.5×10.0~15.0㎛로 양쪽 끝이 둥글다.

❹ 방제법

- 약제 _ 클로로탈로닐 수화제(다코닐, 금비라, 새나리), 코퍼하이드록사이드 수화제(쿠퍼, 코사이드), 동 수화제(옥시동, 신기동, 포리동)
- 시기 _ 4~6월
- 방법 _ 약종별로 500~1,000배 희석액을 10일 간격으로 살포

소나무디플로디아잎마름병 피해 초기의 가지

소나무디플로디아잎마름병 피해를 입어 고사된 가지

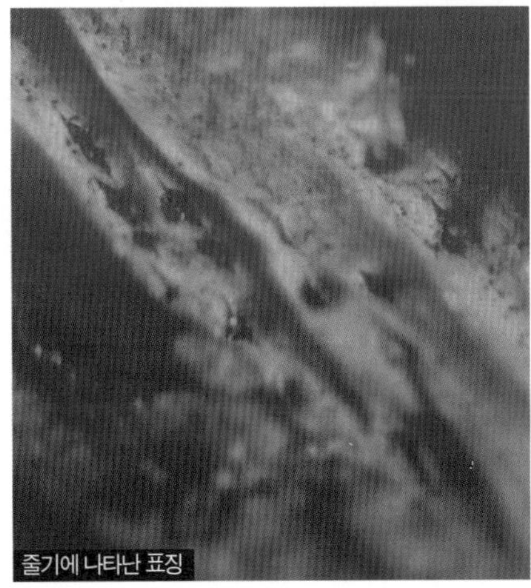
줄기에 나타난 표징

잎에 나타난 표징

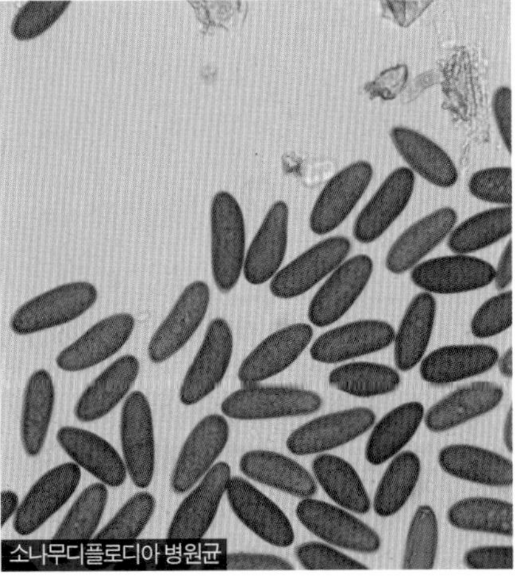
소나무디플로디아 병원균

소나무그을음잎마름병(매엽고병)

학명 _ *Rhizosphaera kalkhoffii* Bubák.

소나무그을음잎마름병의 피해를 입은 가지

❶ 피해 상태

소나무, 스트로브잣나무, 리기다소나무, 전나무에 피해가 심하고 잎 뒷면에 흑색 소립점(병자각)이 많아 그을음잎마름병이라 한다.

❷ 생태 및 병징과 표징

6월 초순경 당년도에 자란 새잎 선단부가 1/2~1/3 정도 갈변하는 특징이 있으며, 잎 뒷면에 줄지어 흑색 소립점이 나타나고 건전부와 피해부가 비교적 명료하게 경계를 이룬다.

❸ 병원균

병자각의 크기는 50~90×50~115㎛이며, 병자포자는 무색 타원형의 난형으로 단포이고 크기는 6~8 ×3~4㎛이다.

❹ 방제법

- 약제 _ 코퍼하이드록사이드 수화제(쿠퍼, 코사이드), 클로로탈로닐 수화제(다코닐, 금비라,새나리), 만코제브 수화제(다이센엠-45, 만코지)
- 시기 _ 4월 중순~5월 하순
- 방법 _ 약종별로 500~1,000배 희석액을 7~10일 간격으로 살포

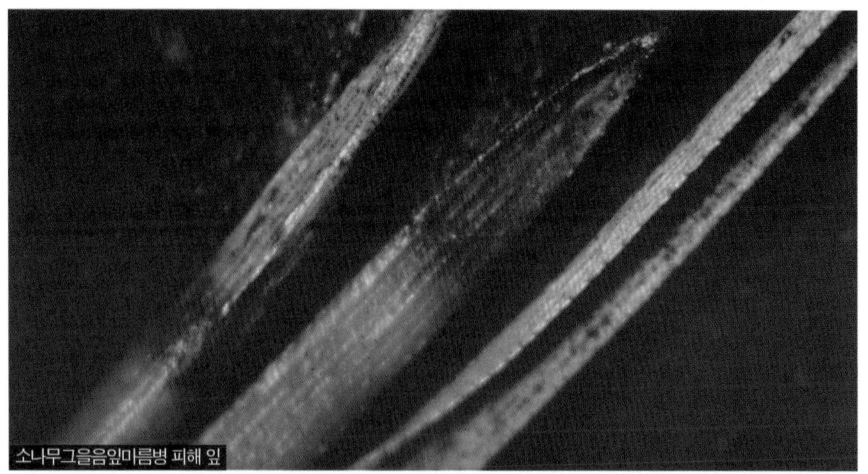
소나무그을음잎마름병 피해 잎

소나무그을음잎마름병 표징

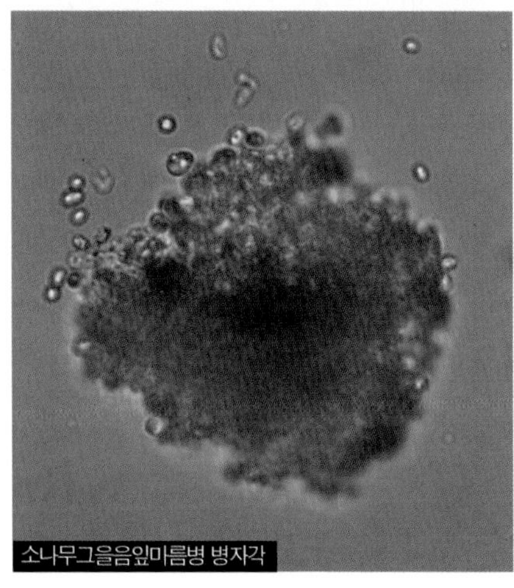
소나무그을음잎마름병 병자각

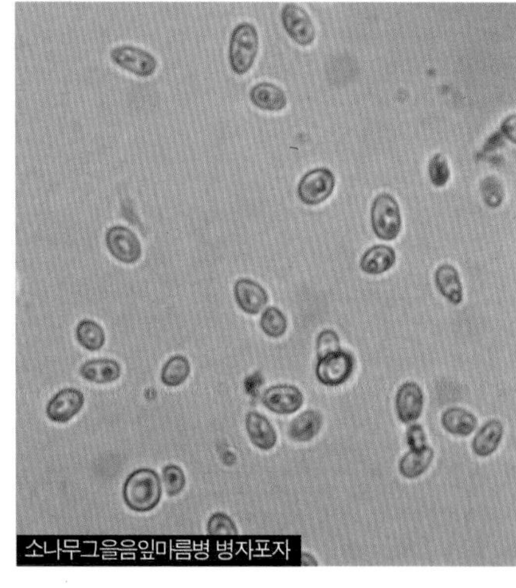
소나무그을음잎마름병 병자포자

소나무적반엽고병

학명 _ *Dothistroma pini* Hulbary

소나무적반엽고병 피해를 입은 나무

❶ 피해 상태

9월경부터 당년도 잎에 작은 회녹색의 반점이 생기고 진전되면 고사한다.

❷ 생태 및 병징과 표징

9월경부터 당년생 잎에 작은 회녹색의 반점이 발생하며 점차 확대되면서 괴사 반점이 나타난다. 월동 후 봄이 되면 괴사부가 적갈색 띠로 나타나고 수피가 터지면서 흑색 소립점(자좌)이 나타난다.

❸ 병원균

분생포자는 무색이며 곤봉상 또는 장원통상이며 직선이거나 약간 구부러진 것도 있다. 2~3개의 격막이 있으며 크기는 17~34×1.5~2.5㎛이다. 자낭은 원통상 또는 곤봉상이고, 자낭포자는 무색 방추형으로 1개의 격막이 있으며, 크기는 13~16×3~4㎛이다.

❹ 방제법

- 약제 _ 코퍼하이드록사이드 수화제(쿠퍼, 코사이드), 클로로탈로닐 수화제(다코닐, 금비라, 새나리), 만코제브 수화제(다이센엠-45, 만코지)
- 시기 _ 5~6월(수피가 파괴되면서 분생자좌 발생 시)
- 방법 _ 약종별로 500~1,000배 희석액을 월 2회 살포

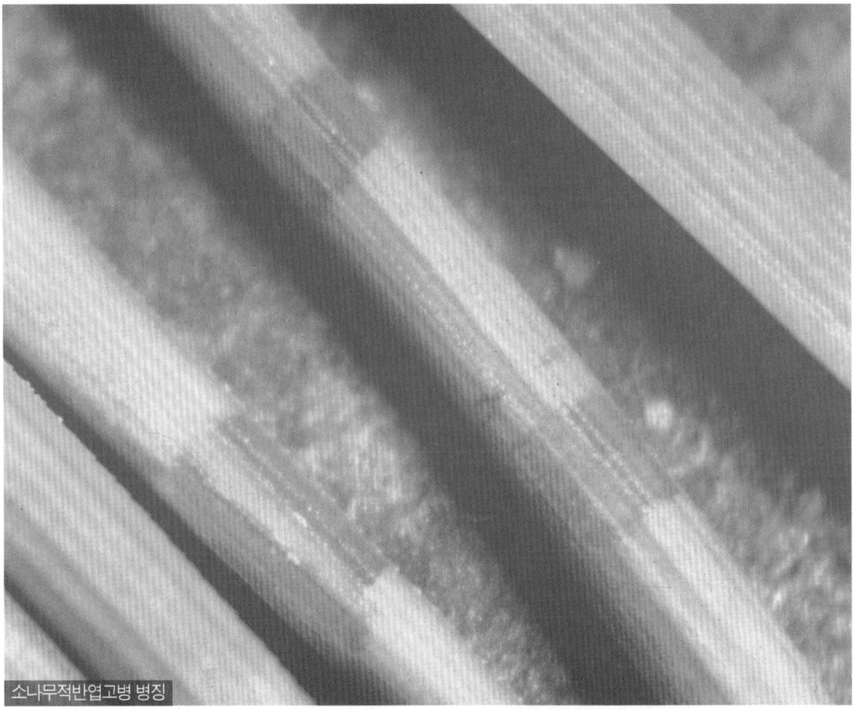

소나무적반엽고병 병징

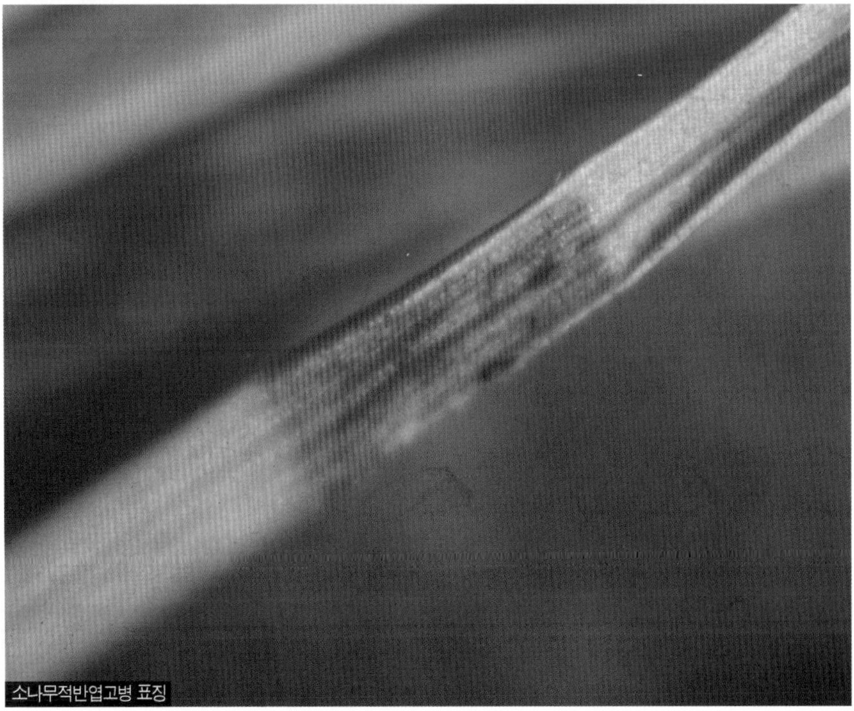

소나무적반엽고병 표징

소나무페스탈로치아엽고병

학명 _ *Pestalotiopsis foedans* (Saccardo et Ellis) Steyaert

소나무페스탈로치아엽고병 피해를 입은 나무

❶ 피해 상태

비가 많은 시기에 피해가 많다. 수세 쇠약 시 발병률이 높은 것으로 추정된다.

❷ 생태 및 병징과 표징

장마나 태풍이 지나간 후 잎이 회갈색 또는 회색이 되고 잎이나 가지에 흑색 소립점(분생자퇴)이 생기며 다습하면 부풀어 올라 포자각이 나타난다.

❸ 병원균

분생포자는 방추형으로 2~3개의 격막으로 되어 있으며, 양단세포는 무색이다. 중앙에 3개의 세포는 회갈색 또는 회색으로 2~3개의 섬모를 가지며, 크기는 18~27 × 5.3~7.4㎛이다.

❹ 방제법

- 약제 _ 코퍼하이드록사이드 수화제(쿠퍼, 코사이드), 동 수화제(옥시동, 신기동, 포리동)
- 시기 _ 피해 발견 즉시, 태풍이나 장마가 지난 후
- 방법 _ 약종별로 500~1,000배 희석액을 7~10일 간격으로 살포, 밀식지 제거(전정 실시), 소나무써코스포라엽고병 참조

소나무페스탈로치아엽고병 피해를 입은 잎

소나무페스탈로치아엽고병 잎과 가지의 피해

잎에 나타난 표징

가지에 나타난 표징

소나무페스탈로치아엽고병 병원균

소나무마크로포마엽고병

학명 _ *Macrophoma pini-densiflorae* Sawada

건전 가지(우측)와 피해를 입은 가지(좌측)

❶ 피해 상태

고온 다습한 기후에서 피해가 많이 나타나는 것으로 알려져 있다.

❷ 생태 및 병징과 표징

당년도에 자란 잎과 신초가 회색 또는 회갈색으로 변하면서 신초의 병반에 흑색 소립점(병자각)이 생기며 가지의 선단부가 고사한다.

❸ 병원균

병자포자는 장타원 또는 방추형으로 무색 또는 엷은 갈색이며 크기는 20~28×6~8㎛이다. 디플로디아엽고병의 병원균과 비슷하나 병원균의 폭이 디프로디아잎마름병은 12~16㎛인 반면, 마크로포마엽고병은 6~8㎛로 폭이 좁은 긴 타원형이다.

❹ 방제법

소나무써코스포라엽고병 참조

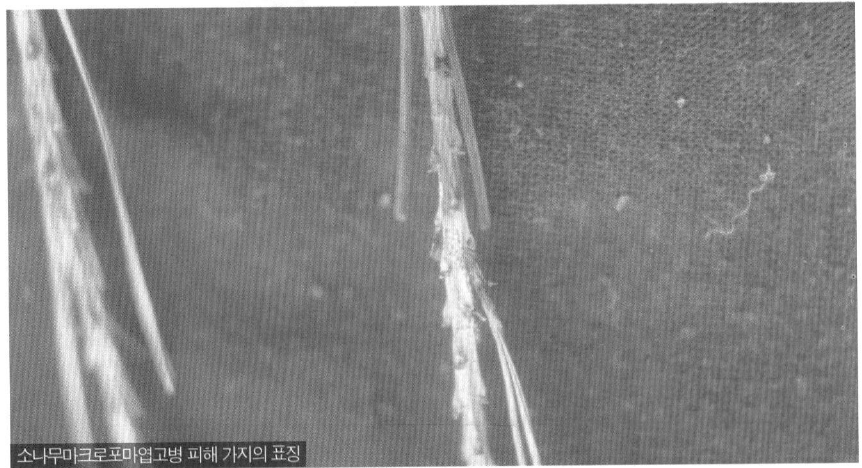
소나무마크로포마엽고병 피해 가지의 표징

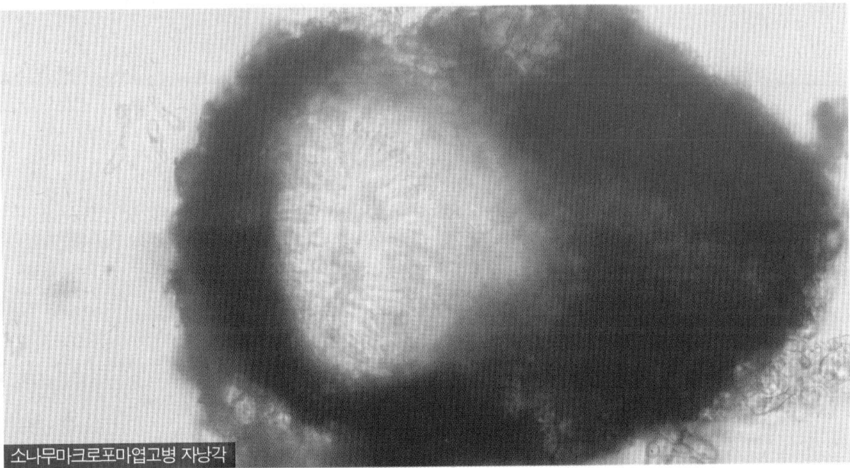
소나무마크로포마엽고병 자낭각

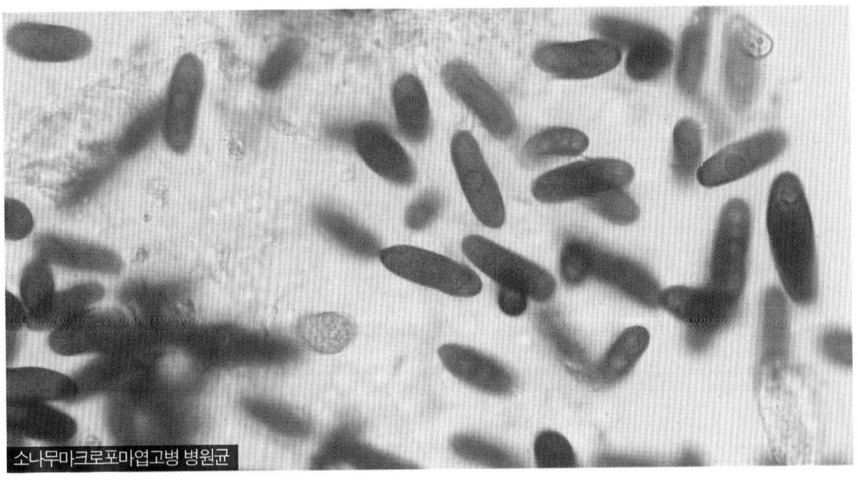
소나무마크로포마엽고병 병원균

소나무

소나무수지성가지줄기마름병

(푸사리움가지마름병)

학명 _ *Fusarium moniliforme* Sheldon var. *subglutinans* Woll. et Rein.
Fusarium circinatum Nirenberg et O'Donnell(리기다)

소나무수지성가지줄기마름병 피해를 입은 나무

❶ 피해 상태

피해 가지에서 송진이 흘러 얼룩이 진다.

❷ 생태 및 병징과 표징

리기다소나무에 1~2년생 가지가 고사하며 고사된 가지에서는 송진이 흘러나온다. 신초의 엽흔에 노란색의 분산포자퇴가 형성된다. 소나무에는 줄기에서 송진이 흘러 줄기가 흰색의 송진으로 얼룩이 지며 송진이 나오는 부분에서 분생포자퇴가 나타나며 가지가 고사한다.(소나무디플로디아잎마름병과 비슷한 병징이 나타난다.)

❸ 병원균

병원균의 크기는 33~42×3.4~3.7㎛이고 1~4개의 세포로 되어 있으며 단세포인 것도 있다.

❹ 방제법

- 약제 _ 코퍼하이드록사이드 수화제(쿠퍼, 코사이드), 동 수화제(옥시동, 신기동, 포리동), 클로로탈로닐 수화제(다코닐, 금비라, 새나리)
- 시기 _ 4~9월
- 방법 _ 약종별로 500~1,000배 희석액을 수회 살포하고 병든 가지는 제거하여 소각

소나무수지성가지줄기마름병 피해를 입은 나무

소나무수지성가지줄기마름병 피해를 입어 수지가 흘러내린 모습

소나무

소나무류 잎녹병

학명 _ *Coleosporium phellodendri* Komar
Coleosporium asterum Syd.
Coleosporium campanulae (Pers.) Lév.

잎녹병 피해를 입은 잎

❶ 피해 상태

중간기주에 따라 다른 변종이 발생하고 있다.

- *C. phellodendri* _ 황벽나무
- *C. asterum* _ 쑥북쟁이류, 취류 등 국화과 식물
- *C. campanulae* _ 잔대, 애기도라지, 모시대가 중간기주이다.

❷ 생태 및 병징과 표징

가을에 중간기주에서 소생자가 잎으로 날아와 전염되며 다음 해 봄에 잎에 황색 주머니가 줄지어 나타난다. 황색 주머니가 터지면서 녹포자가 발생하여 중간기주로 날아간다.

❸ 병원균

- *C. phellodendri*의 녹포자기(수포자낭)는 길이가 2㎜ 내외로 폭은 0.5~1.5㎜이며 그 속의 녹포자는 아구형 또는 광타원형이고 크기는 32~40×22~32㎛로 황색이다.
- *C. asterum*의 녹포자기(수포자낭)는 길이 1.5~3.0㎜, 폭 0.4~1㎜로 녹포자는 타원형 또는 장타원형이고 크기는 22~35×14~20㎛이며 황색이다.
- *C. campanulae*의 녹포자기(수포자낭)는 양면이 편평하고 길이 1~3㎜, 폭 0.5~1.5㎜로 녹포자는 타원형 또는 난형의 장타원형이며 크기는 22~36×16~24㎛이다.

❹ 방제법

- 약제 _ 트리아디메폰 수화제(바리톤, 티디폰), 만코제브 수화제(다이센엠-45, 만코지)
- 시기 _ 9~10월
- 방법 _ 약종별로 450~500배 희석액을 7~10일 간격으로 3~5회 살포, 중간기주 제거

잎녹병 피해 잎 확대

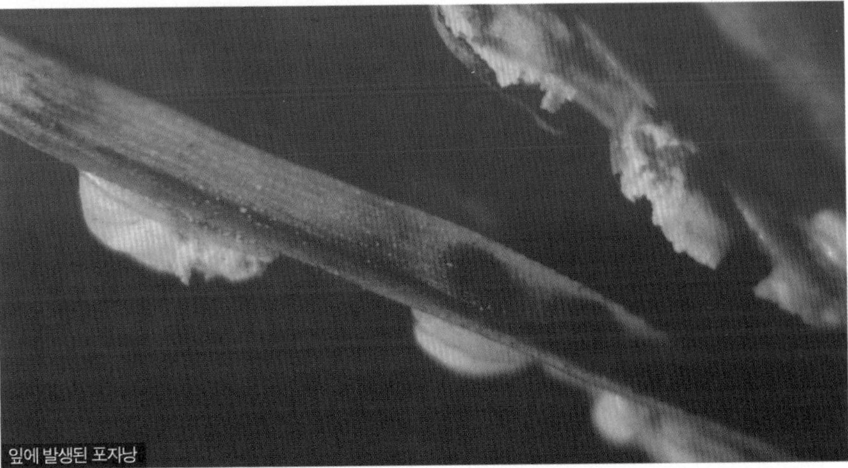
잎에 발생된 포자낭

포자낭

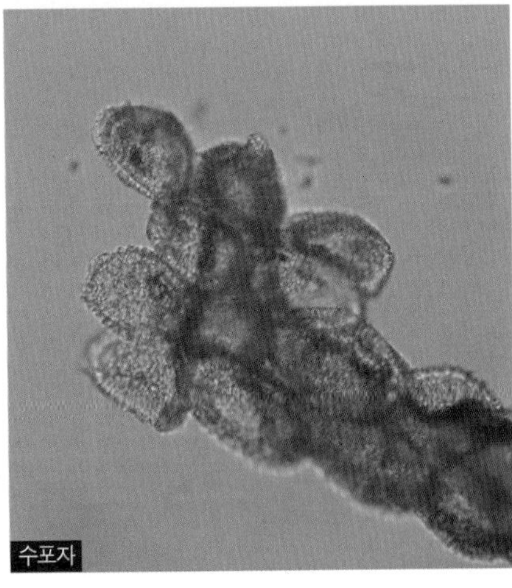
수포자

소나무류 피목가지마름병(피목지고병)

학명 _ *Cenangium ferruginosum* Fries

피목가지마름병 피해

❶ 피해 상태

피해 가지를 채취하여 가지의 수피를 벗기면 목질부와 수피 사이에 작은 흑점이 나타난다.

❷ 생태 및 병징과 표징

작은 흑색의 덩어리에서 갈색 접시 모양의 병원체가 나타난다. 7월~8월경 자낭포자가 바람에 의하여 전염된다. 발병 원인은 토양이 습하거나 너무 건조할 때, 흡수성 해충(진딧물, 깍지벌레)의 피해가 심할 때 나타난다.

❸ 병원균

자낭은 곤봉상이며 무색의 8개 자낭포자가 1열로 있다. 자낭의 크기는 80~100×10~12㎛이며 자낭포자는 타원형이고 무색 또는 담색의 단포이고 크기는 8~13×6~8㎛이다. 측사는 사상으로 무색이고 정상부가 약간 둥글게 융기되었다. 길이는 100~120㎛이며 5~7개의 격막이 있다.

❹ 방제법

- 약제 _ 코퍼하이드록사이드 수화제(쿠퍼, 코사이드), 베노밀 수화제(벤레이트, 다코스), 클로로탈로닐 수화제(다코닐, 금비라,새나리)
- 시기 _ 7~8월
- 방법 _ 약종별로 500~2,000배 희석액을 10일 간격으로 수회 살포, 수세 강화에 역점

피목가지마름병 피해 상태

피목가지마름병 좌자

피목가지마름병 피해 가지의 표징

피목가지마름병 자낭반

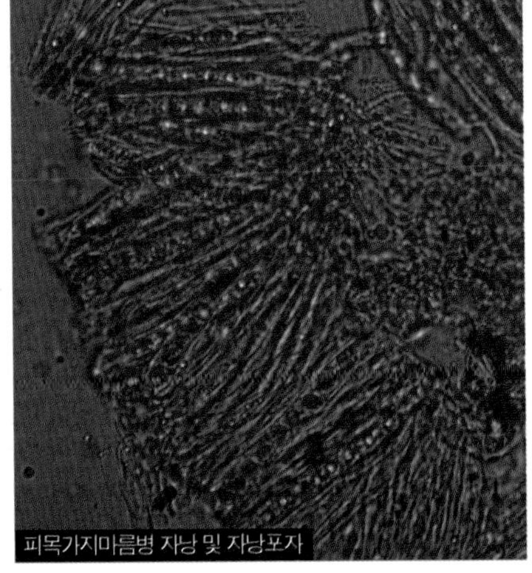
피목가지마름병 자낭 및 자낭포자

소나무그을음병

학명 _ *Limacinia* sp.
　　　Meliola sp.

소나무그을음병 피해를 입은 잎

❶ 피해 상태

잎에 검은 그을음이 생겨 수세 쇠약을 초래한다.

❷ 생태 및 병징과 표징

주로 진딧물, 깍지벌레 등의 흡수성 곤충의 분비물에 의하여 그을음이 잎이나 가지에 발생하며, 식물 조직에서 영양을 흡수하는 것이 아니라, 곤충의 분비물인 당밀에서 기생한다. 진딧물 또는 깍지벌레의 피해 없이 독자적으로 기생하는 능력은 없다.

❸ 방제법

〈진딧물에 의한 피해〉

- 약제 _ 포스파미돈 액제(포스팜, 다무르), 모노크로토포스 액제(아조드린, 모노포), 아세페이트 수화제(오트란, 아시트, 골게터)
- 시기 _ 4월 중순~5월 중순
- 방법 _ 약종에 따라 1,000배 희석액을 잎, 가지, 줄기에 골고루 묻도록 살포

〈깍지벌레에 의한 피해〉

- 약제 _ 메티다티온 유제(수프라사이드, 메치온), 디메토에이트 유제(로고, 록숀, 디메토)
- 시기 _ 4월 중순~5월 중순
- 방법 _ 약종에 따라 1,000배 희석액을 잎, 가지, 줄기에 골고루 묻도록 살포

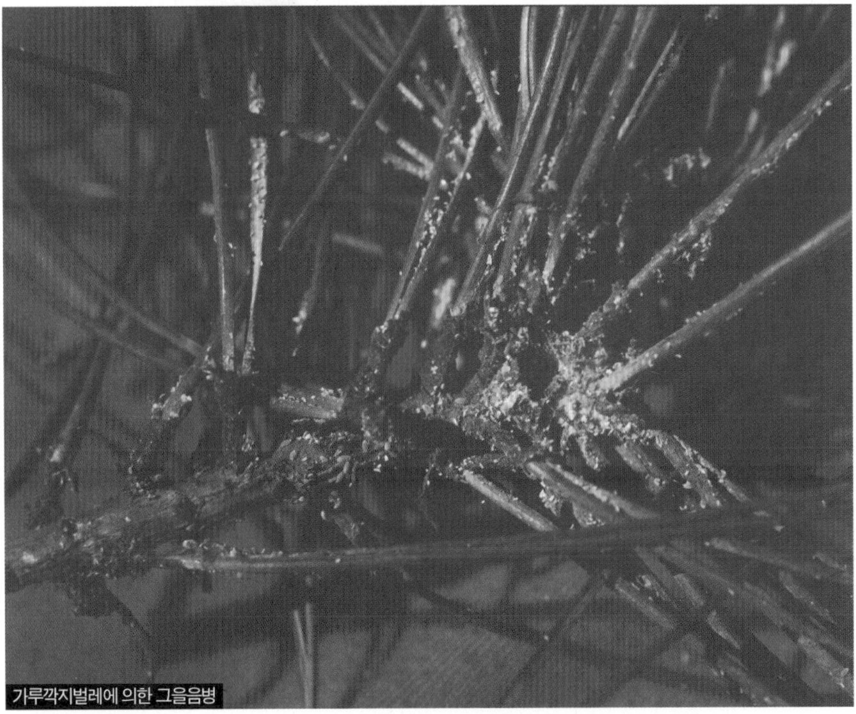

가루깍지벌레에 의한 그을음병

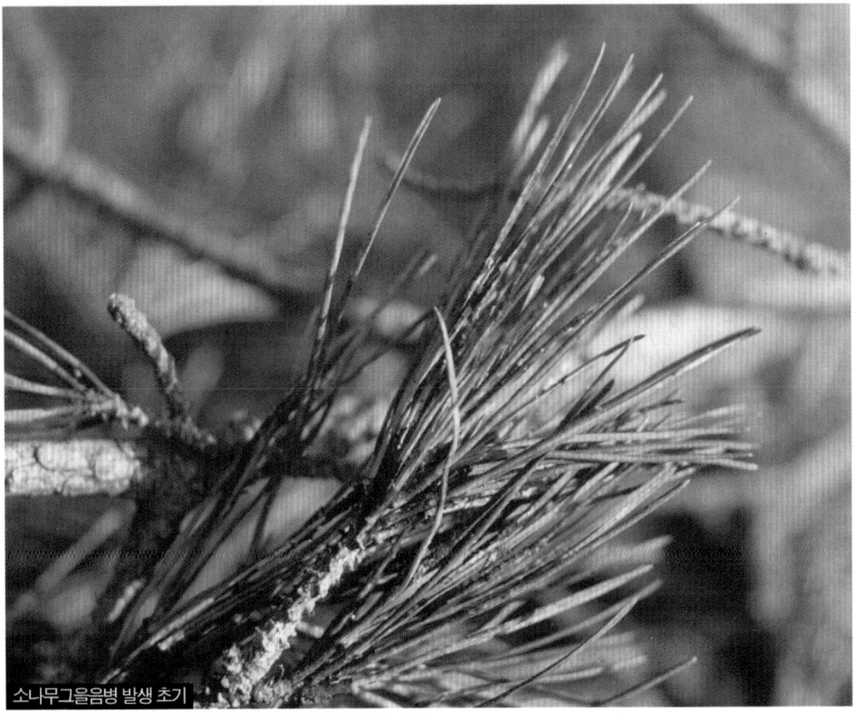

소나무그을음병 발생 초기

소나무소엽병

학명 _ *Phytophthora cinnamomi* Rands

소나무소엽병 피해를 입은 나무

❶ 피해 상태

배수 불량한 점질 토양에서 세근이 부패하면 그 부위에 병원균(*Phytophthora cinnamoni*)이 침입하여 뿌리의 세근을 고사시켜 발생한다고 보고된 바 있다.

❷ 생태 및 병징과 표징

신초가 발생하면서 최초에 나온 잎이 왜소해지며 조기 낙엽되는 반면 늦게 생장한 잎은 정상적인 잎으로 생장한다. 세근과 뿌리털이 역병균에 의해 고사되었다가 초여름이 되면 세균과 뿌리털이 다시 생장하여 정상으로 생육한다.

❸ 병원균

유주자는 난형~광타원형으로 크기는 32~95 × 29~53㎛이다.

❹ 방제법

- 약제 _ 메탈락실 수화제(리도밀, 메타실)
- 시기 _ 4~5월
- 방법 _ 2,000배 희석액을 10~14일 간격으로 수회 토양에 관주

소나무소엽병 피해를 입은 가지

소나무소엽병 병징

소나무소엽병 치료 후의 상태

소나무혹병

학명 _ *Cronartium quercuum* Miyabe

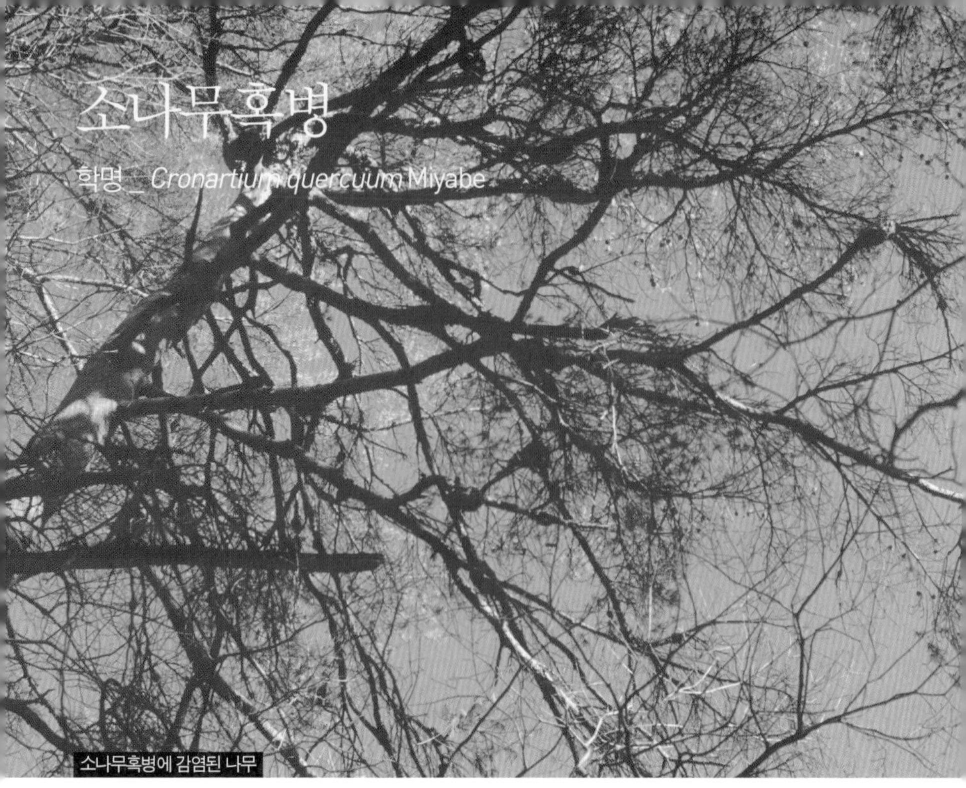
소나무혹병에 감염된 나무

❶ 피해 상태

가지와 줄기에 혹이 생기지만 체관이나 가도관의 기능은 계속 유지되어 수분 상승이나 동화물질 이동에는 큰 지장이 없다. 조직이 부패되어 피해 가지가 조기에 고사한다.

❷ 생태 및 병징과 표징

가지나 줄기에 혹이 생기고 해마다 커지며 수십㎝ 되는 것도 있다. 봄에 혹이 터지면서 노란 가루가 나오는데 이 가루(녹포자)가 바람에 의하여 참나무로 날아가 병을 일으키고 참나무 잎 뒷면에 겨울포자를 형성하여 월동한다. 겨울포자는 소생자를 형성하여 소나무로 침입해 혹을 형성한다.

❸ 병원균

녹포자(수포자)는 타원형, 난형 또는 아구형으로, 크기는 19~36×15~21㎛이고 뿔 모양의 가시가 표피에 돌출되어 있다. 여름포자는 황색을 띠며 단포로서 타원형, 난형, 아구형으로 17~32×14~21㎛이다. 겨울포자는 장타원형, 방추형으로 단포이고 외부가 미끈하며 담황색 또는 황갈색으로 29~43×14~21㎛이다.

❹ 방제법

- 약제 _ 트리아디메폰 수화제(바리톤, 티디폰),
  만코제브 수화제(다이센엠-45, 만코지)
- 시기 _ 4~5월
- 방법 _ 약종별로 500배 희석액을 10~15일 간격으로 수회 살포, 중간기주인 참나무 제거

소나무혹병 병징

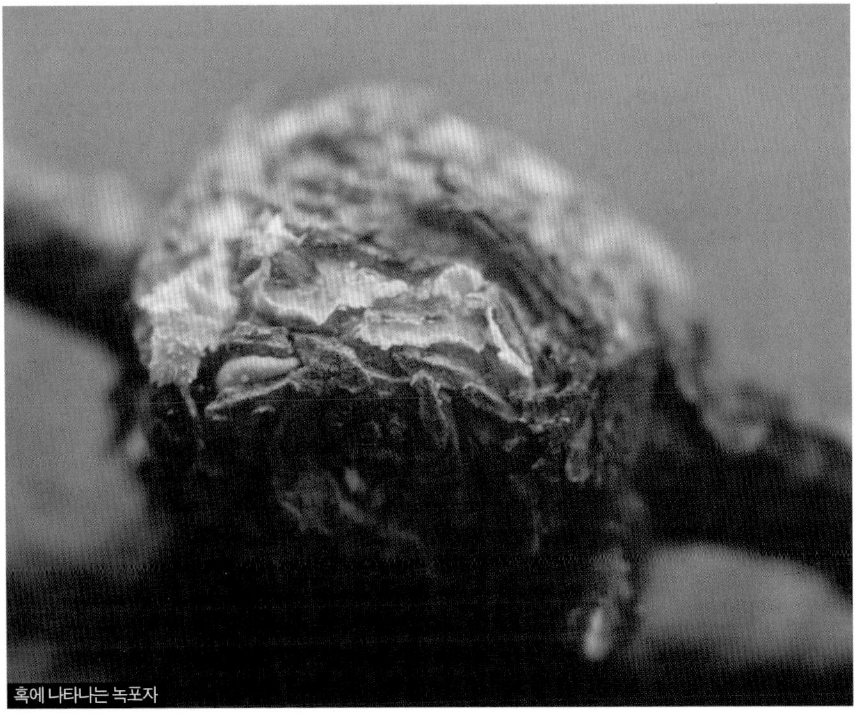

혹에 나타나는 녹포자

소나무줄기녹병

학명 _ *Cronartium flaccidum* (Alb. et Schw.) Wint.

소나무줄기녹병

❶ 피해 상태

줄기에 황색의 작은 주머니(포자퇴)가 나타나며 목단, 작약과 기주 교대를 한다.

❷ 생태 및 병징과 표징

주로 가지와 줄기에서 발생되는 담자균으로 피해 부위는 약간 방추형으로 비대 생장한다. 표피는 거칠어지고 봄에 수피가 터지면서 흰색 막의 주머니가 돌출한다. 소나무와 목단 · 작약이 기주 교대한다.

❸ 병원균

여름포자는 타원형으로 짧은 털이 나 있으며 크기는 18~30×14~20㎛이다. 겨울포자는 타원형, 장타원형으로 황색 내지 담황색이며 크기는 20~60×10~17㎛으로 털이 없고 서로 횡쪽으로 연결되어 있다.

❹ 방제법

- 약제 _ 트리아디메폰 수화제(바리톤, 티디폰), 만코제브 수화제(다이센엠-45, 만코지)
- 시기 _ 8월 하순~10월 하순
- 방법 _ 약종별로 500배 희석액을 수회 가지와 잎에 골고루 묻도록 살포, 중간기주인 목단, 작약 제거

작약 잎 뒷면의 동포자퇴

아밀라리아뿌리썩음병

학명 _ *Armillaria mellea* (Vahl : Fries) Kummer

Armillaria mellea Sacc.

아밀라리아뿌리썩음병 피해를 입은 나무

❶ 피해 상태

지제부의 수피가 쉽게 벗겨지며 목질부와 수피 사이에 흰 균사층이 나타난다. 감염된 나무는 소생시킬 수 없다.

❷ 생태 및 병징과 표징

봄에 잎이 잘 나오다가 6월경부터 초가을 사이에 침엽의 전부가 서서히 또는 갑작스럽게 황색으로 변하여 고사한다. 지제부의 수피가 쉽게 벗겨지며 목질부와 수피 사이에 흰 균사층이 나온다. 주변에 뽕나무버섯이 핀다.

❸ 병원균

담자포자는 무색 단포이며 난형이고 크기는 7~9×4~6㎛이다.

❹ 방제법

- 약제 _ 토양 훈증제
- 방법 _ 피해목 뿌리 제거 후 땅속 깊이 15~30㎝ 구멍을 뚫고 30㎠당 크로르피크린 30㏄를 주입한다. 마대나 거적으로 1주일 덮어 둔다.
- 유의점 _ 균사 속 확산 방지를 위하여 피해지역 주위를 깊이 60㎝, 넓이 1m 정도 파고 토양을 석회 처리 후 석회와 혼합된 흙을 넣는다.

소나무

수피 속의 균사

자실체(버섯)

리지나뿌리썩음병

학명 _ *Rhizina undulate* Fries ex Fries

리지나뿌리썩음병 피해림(강릉)

❶ 피해 상태

사질 양토로 온도가 높고 강산성 지역에 발생이 용이하며, 나무 전체가 갈색으로 변하며 고사한다. 강원도 동해안 지역, 충청도 서해안 지역에 많이 발생하고 있다.

❷ 생태 및 병징과 표징

피해목 주변에는 버섯처럼 생긴 자실체(파상땅해파리버섯)가 생긴다. 자실체는 자갈색 또는 밤갈색으로 울퉁불퉁하고 주변은 황색의 띠를 두르고 있다. 시간이 경과하면 황색 띠가 사라지고 흑갈색, 암자갈색이 된다. 균사속으로 전염하고 몇 그루의 나무가 집단적으로 고사하는 특징이 있다.

❸ 병원균

자낭은 길며 크기는 400~500 × 14~17㎛이고 자낭포자는 방추형으로 무색이고 단포이며 크기는 30~40 × 8~10㎛이다.

❹ 방제법

- 약제 _ 베노밀 수화제(벤레이트, 다코스)
- 방법 _ 500~700배 희석액을 토양에 30㎝ 깊이로 구멍을 뚫고 1㎡당 40 ℓ 이상 관주
- 특기사항 _ 피해목 주위에 30~50㎝, 폭 30㎝의 도랑을 파고 석회 처리(전염 차단), 소나무 부근에서 취사 행위 금지

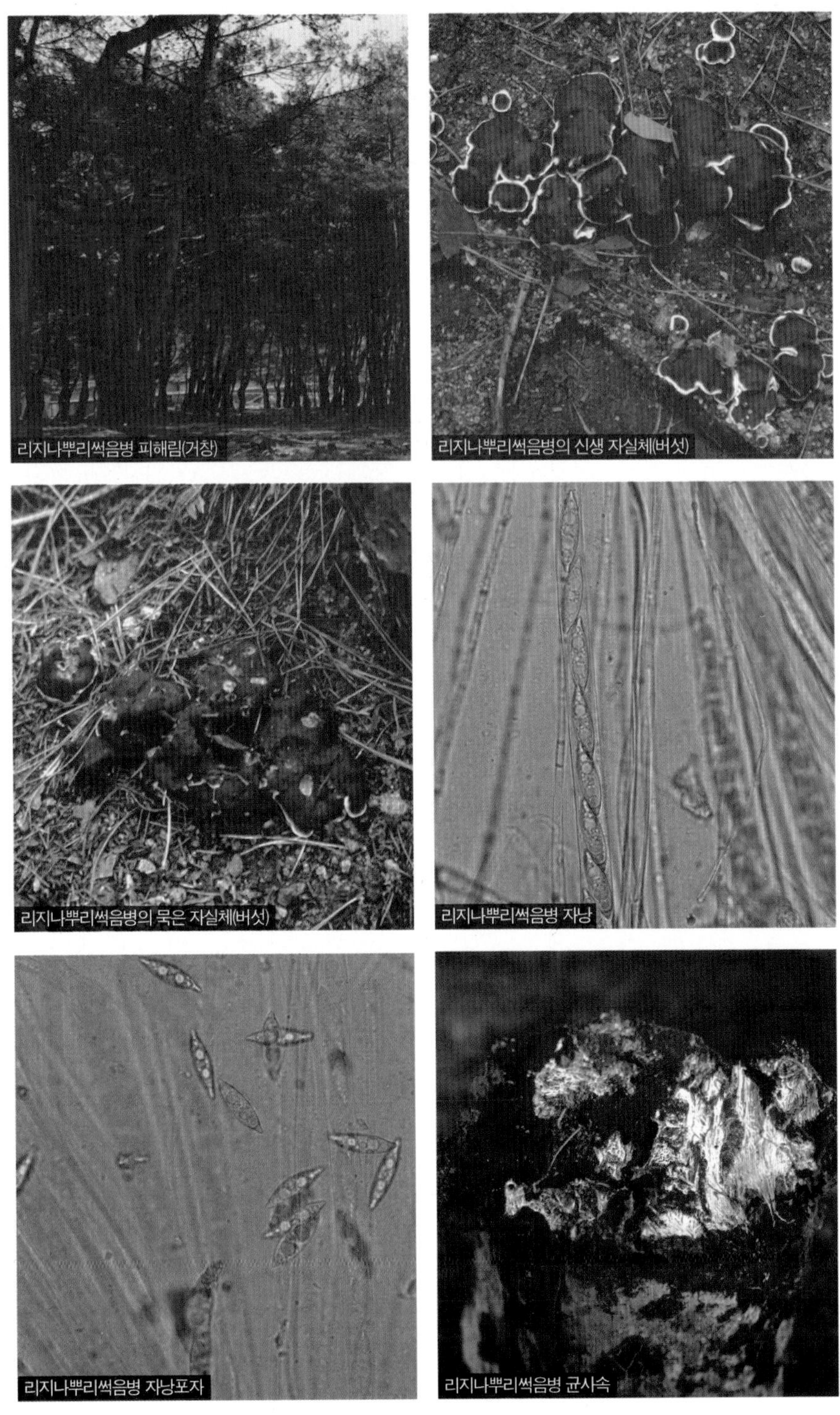
리지나뿌리썩음병 피해림(거창)
리지나뿌리썩음병의 신생 자실체(버섯)
리지나뿌리썩음병의 묵은 자실체(버섯)
리지나뿌리썩음병 자낭
리지나뿌리썩음병 자낭포자
리지나뿌리썩음병 균사속

소나무재선충병

학명 _ *Bursaphelenchus xylophilus* (Steiner et Buhrer) Nickle

소나무재선충병 피해림

❶ 피해 상태

솔수염하늘소에 의하여 매개 전파되며 빠르게 완전 고사한다.

❷ 생태 및 병징과 표징

감염되면 3~5개월 내에 고사한다. 소나무재선충을 지닌 솔수염하늘소가 5월 중순~8월 사이 신초를 가해하면서 전염된다. 피해 초기에는 구엽이 시들고 처지며 말기에는 신엽도 시들면서 고사한다. 다른 병충해(리지나,아밀라리라뿌리썩음병, 소나무좀 등)의 피해와 유사하므로 반드시 목질부를 채취하여 재선충을 확인하는 것이 중요하다.

❸ 병원균

소나무재선충은 길이가 0.6㎜~1.0㎜ 로 수놈은 꼬리 부분이 갈고리 형태이다.

❹ 방제법

- **피해목 조기 발견 및 제거** : 가장 우선되는 방법
- **피해목 파쇄** : 톱밥이나 칩 제조기를 이용하여 분쇄
- **피해목 소각** : 확실한 효과가 있는 방법
- **피해목 훈증** : 피해목을 벌채하여 1~2㎥ 크기로 쌓아놓고 훈증하는 방법, 킬퍼1㎥당 1 ℓ 사용
- **예방을 위한 수관 약제살포** : 항공방제, 지상방제 방법이 있다. 페니트로티온 유제(스미치온), 티아클로프리드 액상수화제(칼립소) 1,000배
- **예방을 위한 나무주사** : 감염 우려 지역 건전목에 미리 살선충제를 주입하는 방법이다. 아바멕틴 유제(올스타, 로멕틴, 인덱스) 흉고 1㎝당 1㏄
- **예방을 위한 약제 토양주입** : 포스티아제이트 액제(선충탄)를 토양에 주입하여 감염을 예방한다. 포스티아제이트 액제(선충탄) 100배 흉고 1㎝당 1 ℓ
- **예방을 위한 방충망 설치** : 특정 수목에 대해서 설치가 가능한 방법

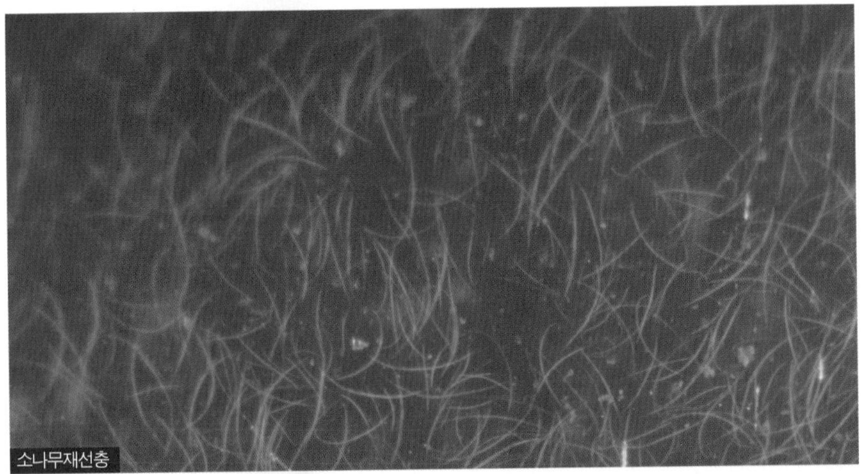
소나무재선충

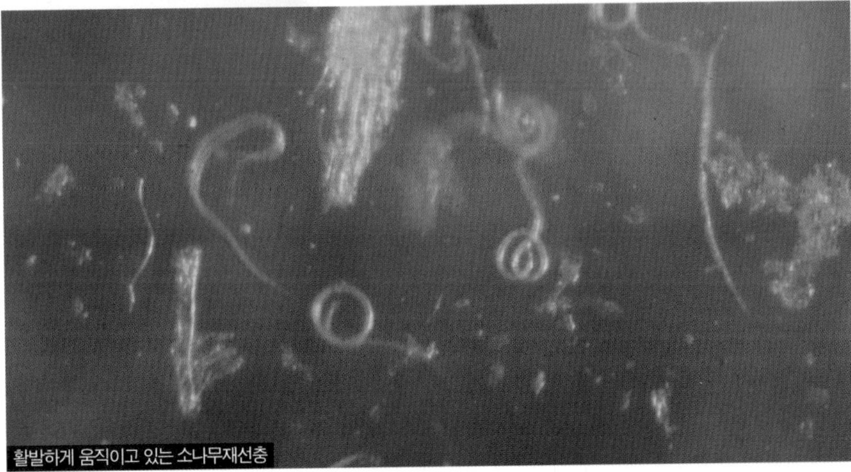
활발하게 움직이고 있는 소나무재선충

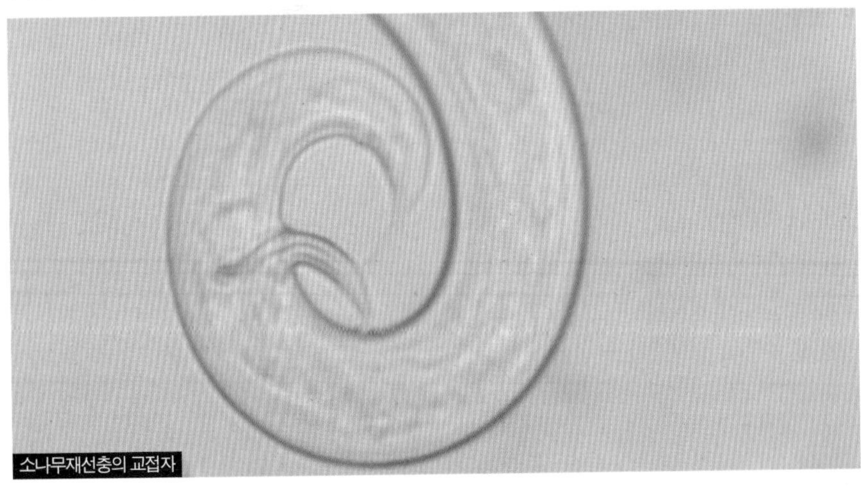
소나무재선충의 교접자

훈증

소각

피해목 헬기 운반

파쇄

소나무다아병

❶ 원인

비전염성, 바이러스설, 유전설, 혹응애설이 있으나 확인되지 않았다.

❷ 피해 상태

신초에 부정아가 다수 발생해 총생한다.

❸ 생태 및 병징과 표징

신초 생장기에 부정아가 많이 발생하고 자라면서 잔가지가 총생한다. 매년 발생하면 수세 쇠약, 수관 파괴 현상이 나타난다.

❹ 방제법

피해지를 제거하여 소각함, 수세 강화를 유도

소나무다이병

소나무다이병

소나무다이병

소나무뿌리조임병

Girdling

소나무뿌리조임병

❶ 피해 상태

갑작스럽게 수목 전체가 시들면서 고사한다.

❷ 생태 및 병징과 표징

뿌리가 지제부 수간 바로 밑부분을 감싸고 생장하면서 수간을 조이면 함몰 부위가 생기고 이로 인하여 비대생장을 하지 못하게 된다. 더불어 함몰로 인하여 수분과 양분 이동이 원활하게 이루어지지 않아 수세 쇠약이 되거나 심하면 고사한다. 특히 뿌리 생장에 지장을 주는 위치에서 많이 발생한다.

❸ 방제법

공기유통 및 뿌리 유도가 원활히 되도록 하며 밀식을 피하며 생육 공간을 최대한 넓게 한다. 조인 뿌리는 외과수술로 제거하고 토양환경을 개선한다.

소나무뿌리조임병 지제부의 피해 상태

뿌리조임 상태

백송디플로디아잎마름병

학명 _ *Diplodia pinea* (Desmazieres) Kickx
Sphaeropsis sapinea (Fr.) Dyko et B.Sutton

백송디플로디아잎마름병 피해를 입은 가지

❶ 피해 상태

특히 소나무류에 피해가 많이 발생하며 잎과 신초가 적갈색으로 변색되면서 고사한다. 리기다푸사리움가지마름병과 흡사하다.

❷ 생태 및 병징과 표징

6~7월경 잎이 갈변하고 당년도 신초가 꼬부라지며 고사한다. 피해 가지는 송진이 나오며 병든 잎이나 고사된 가지에는 흑색의 반점(병자각)이 나타난다.

❸ 병원균

병자포자는 타원형 또는 장타원형으로 보통 격막은 없으나 1개의 격막이 있는 것도 있다. 크기는 22.5~37.5 × 10.0~15.0㎛로 양쪽 끝이 둥글다.

❹ 방제법

- 약제 _ 클로로탈로닐 수화제(다코닐, 금비라, 새나리), 코퍼하이드록사이드 수화제(쿠퍼, 코사이드), 동 수화제(옥시동, 신기동, 포리동)
- 시기 _ 4~6월
- 방법 _ 약종별로 500~1,000배 희석액을 10일 간격으로 살포

가지에 나타난 병징

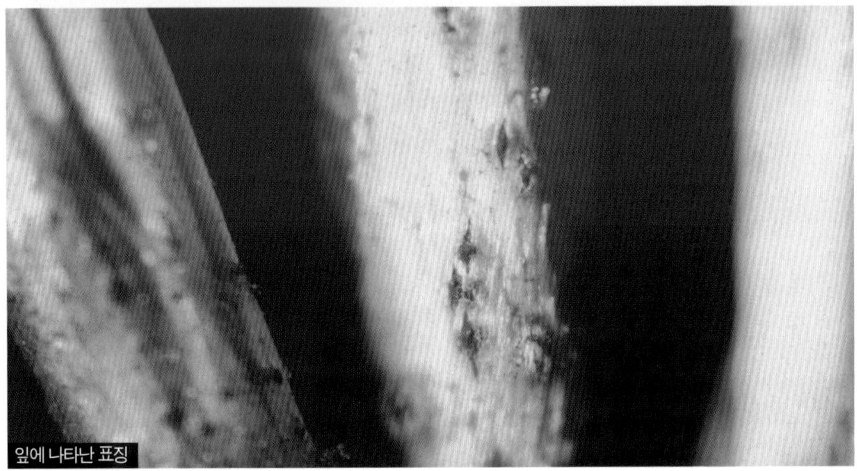
잎에 나타난 표징

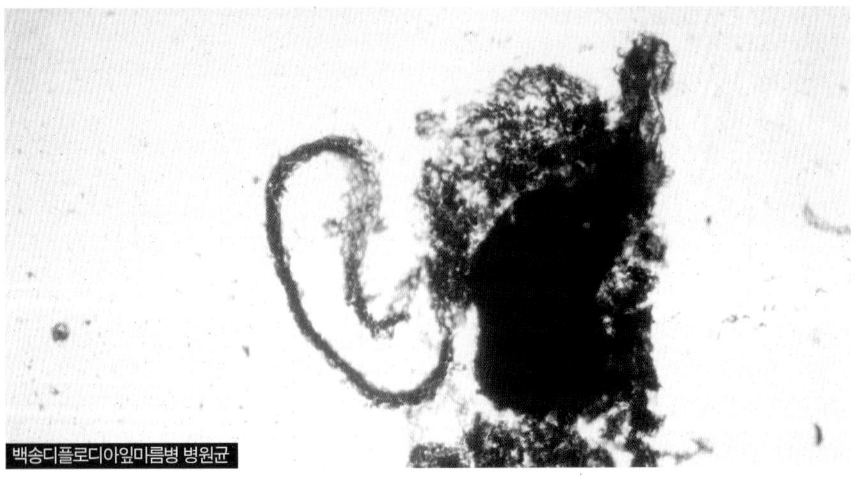
백송디플로디아잎마름병 병원균

해송디플로디아잎마름병

학명 _ *Diplodia pinea* (Desmazieres) Kickx
Sphaeropsis sapinea (Fr.) Dyko et B.Sutton

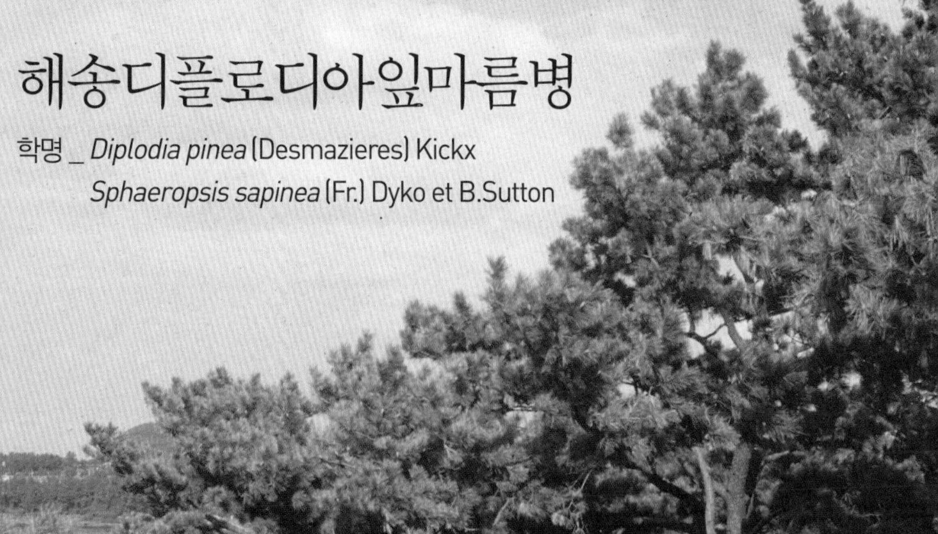
해송디플로디아잎마름병 피해를 입은 나무

❶ 피해 상태

특히 소나무류에 피해가 많이 발생하며 잎과 신초가 적갈색으로 변색되면서 고사한다. 리기다푸사리움가지마름병과 흡사하다.

❷ 생태 및 병징과 표징

6~7월경 잎이 갈변하고 당년도 신초가 꼬부라지며 고사한다. 피해 가지는 송진이 나오며 병든 잎이나 고사된 가지에는 흑색의 반점(병자각)이 나타난다.

❸ 병원균

병자포자는 타원형 또는 장타원형으로 보통 격막은 없으나 1개의 격막이 있는 것도 있다. 크기는 22.5~37.5 × 10.0~15.0㎛로 양쪽 끝이 둥글다.

❹ 방제법

- 약제 _ 클로로탈로닐 수화제(다코닐, 금비라, 새나리), 코퍼하이드록사이드 수화제(쿠퍼, 코사이드), 동 수화제(옥시동, 신기동, 포리동)
- 시기 _ 4~6월
- 방법 _ 약종별로 500~1,000배 희석액을 10일 간격으로 살포

해송디플로디아잎마름병 피해를 입은 가지

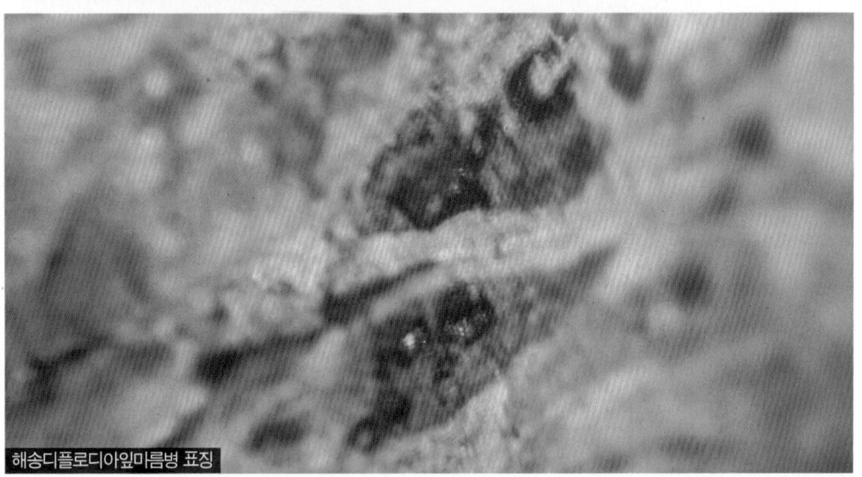
해송디플로디아잎마름병 표징

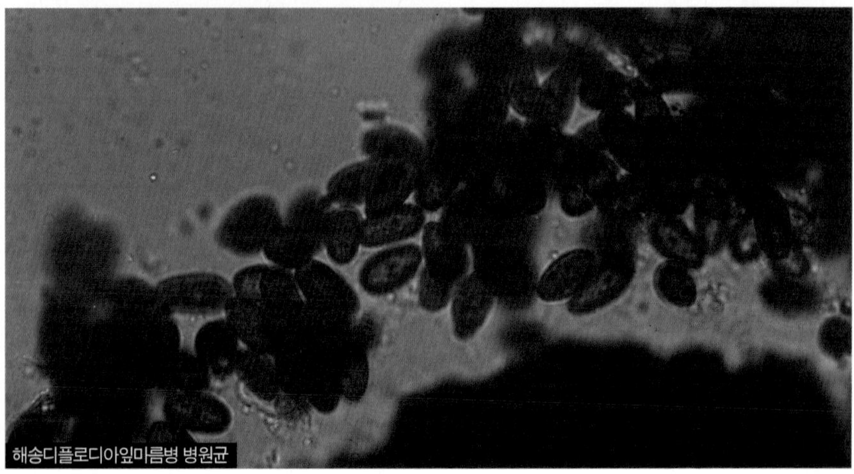
해송디플로디아잎마름병 병원균

리기다소나무디플로디아잎마름병

학명 _ *Diplodia pinea* (Desmazieres) Kickx
Sphaeropsis sapinea (Fr.) Dyko et B.Sutton

리기다소나무디플로디아잎마름병 피해를 입은 나무

❶ 피해 상태

특히 소나무류에 피해가 많이 발생하며 잎과 신초가 적갈색으로 변색되면서 고사한다. 리기다푸사리움가지마름병과 흡사하다.

❷ 생태 및 병징과 표징

6~7월경 잎이 갈변하고 당년도 신초가 꼬부라지며 고사한다. 피해 가지는 송진이 나오며 병든 잎이나 고사된 가지에는 흑색의 반점(병자각)이 나타난다.

❸ 병원균

병자포자는 타원형 또는 장타원형으로 보통 격막은 없으나 1개의 격막이 있는 것도 있다. 크기는 22.5~37.5×10.0~15.0㎛로 양쪽 끝이 둥글다.

❹ 방제법

- 약제 _ 클로로탈로닐 수화제(다코닐, 금비라, 새나리), 코퍼하이드록사이드 수화제(쿠퍼, 코사이드), 동 수화제(옥시동, 신기동, 포리동)
- 시기 _ 4~6월
- 방법 _ 약종별로 500~1,000배 희석액을 10일 간격으로 살포

리기다소나무디플로디아잎마름병 피해를 입은 가지

리기다소나무디플로디아잎마름병 병원균

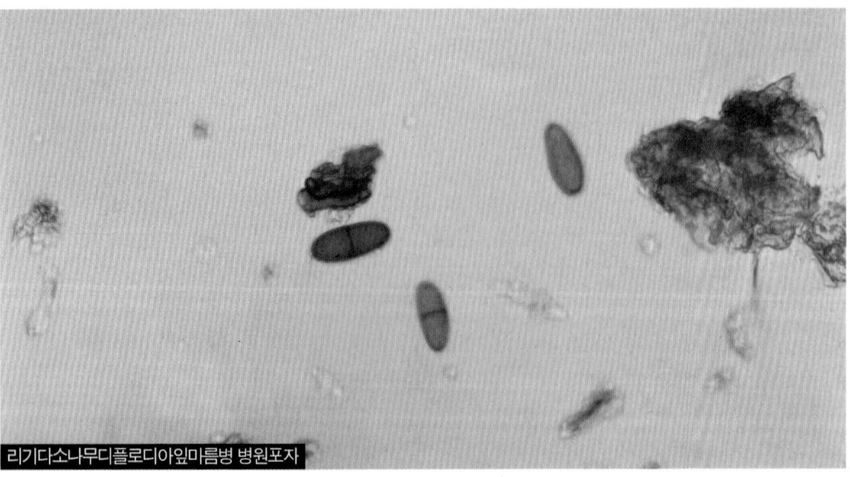
리기다소나무디플로디아잎마름병 병원포자

주목에디마

Edima

주목에디마 피해 잎(뒷면)

❶ 피해 상태

생리적인 피해로 잎 뒷면에 2~3㎜의 원형 반점이 나타나고 그 반점이 코르크화되며 잎이 왜소해지고 생장이 부진해진다. 심한 경우 조기 낙엽 현상이 일어난다.

❷ 방제법

식재지 토양을 입단 구조로 개량하고 협소한 토양에서는 배수 관리, 뿌리의 원활 산소 공급을 위해 지표 토양의 면적을 넓게 한다. 깊게 식재하지 말고 기존 토양의 표토면과 같게 식재한다.

주목 잎 뒷면의 코르크화된 병징

주목

주목흑색고약병

학명 *Septobasidium nigrum* Yamamoto

흑색고약병 피해를 입은 나무

❶ 피해 상태

가지에 밀집된 균사층이 마치 고약 같은 것이 붙어 있는 것처럼 보인다.

❷ 생태 및 병징과 표징

균사층의 색에 따라 회색고약병, 갈색고약병, 암색고약병 등으로 구별된다.

❸ 병원균

담자포자는 무색 타원상의 원통형이고, 크기는 13.5~24 × 4~5.5㎛이다.

❹ 방제법

토양을 건조하게 하고 환기가 잘 되도록 한다. 피해 부위의 균사층을 칫솔 같은 것으로 제거하고 알코올이나 석회유황합제를 바른다. 피해가 적은 가지는 제거하여 소각하고 굵은 가지는 균사층을 제거, 상처 부위는 도포제를 바른다.

흑색고약병 피해 가지

주목

잣나무털녹병

학명 _ *Cronartium ribicola* J.C. Fisch.

잣나무털녹병 피해를 입은 나무

❶ 피해 상태

이중 기생하는 녹병균이며 중간기주는 송이풀, 까치밥나무 등으로 알려져 있다.

❷ 생태 및 병징과 표징

줄기나 가지의 수피가 약간 융기되고, 4월 중순~5월 중순경 줄기가 터지면서 황색 가루가 있는 가루주머니(녹포자기, 수포자낭)가 발생, 이 주머니가 터지면서 황색 가루(녹포자, 수포자)가 비산한다. 겨울포자는 소생자를 형성하며 소생자는 10월경부터 낙엽될 때까지 잣나무로 날아가 잎의 기공을 통하여 침입하여 월동한다.

❸ 병원균

녹포자기(수포자낭)는 크기가 길이 8㎜, 폭과 높이 2~3㎜이다. 녹포자(수포자)는 구상타원형~다각형으로 크기는 19~32×12~29㎛이다. 송이풀 뒷면의 여름포자퇴는 원형~난형으로 0.1~0.3㎜ 정도의 크기이며, 여름포자는 타원형, 난형으로 크기는 19~36×12~24㎛이다. 겨울포자퇴는 잎 뒷면에 기둥 모양으로 솟아 있으며 길이는 2㎜, 폭은 120㎛ 내외, 겨울포자는 장타원형, 원추형으로 30~50×11~20㎛이다. 소생자의 크기는 10㎛ 내외이다.

❹ 방제법

- 약제 _ 보르도액,
  트리아디메폰 수화제(바리톤, 티디폰)
- 시기 _ 8월 말
- 방법 _ 약종별로 500배 희석액을 10~15일 간격으로 수회 살포, 중간기주인 송이풀, 까치밥나무 제거

잣나무털녹병 중간기주(송이풀) 여름포자

잣나무털녹병 중간기주(송이풀) 겨울포자

잣나무잎떨림병(엽진병)

학명 _ *Lophodermium maximum* B. Z. He et Yang
Lophodermium durilabrum Darker
Lophodermium nitens Darker
Lophodermium pinastri (Schrader ex Fries) Chevallier

잣나무잎떨림병 피해를 입은 나무

❶ 피해 상태

3~5월경 피해 잎이 적갈색으로 변하면서 조기 낙엽된다.

❷ 생태 및 병징과 표징

6월 초순~7월 하순경에 낙엽된 병든 잎에 여러 개의 자낭반이 형성된다. 이 시기에 비가 온 후 임지 내에 습기가 많으면 자낭반에서 자낭포자가 발생, 새로운 잎으로 날아가 기공을 통하여 침입하여 잎에 황색 반점이 나타난다.

❸ 병원균

자낭포자는 세사형이며 크기는 60~115×1.5~3㎛이다.

❹ 방제법

소나무잎떨림병(엽진병) 참조

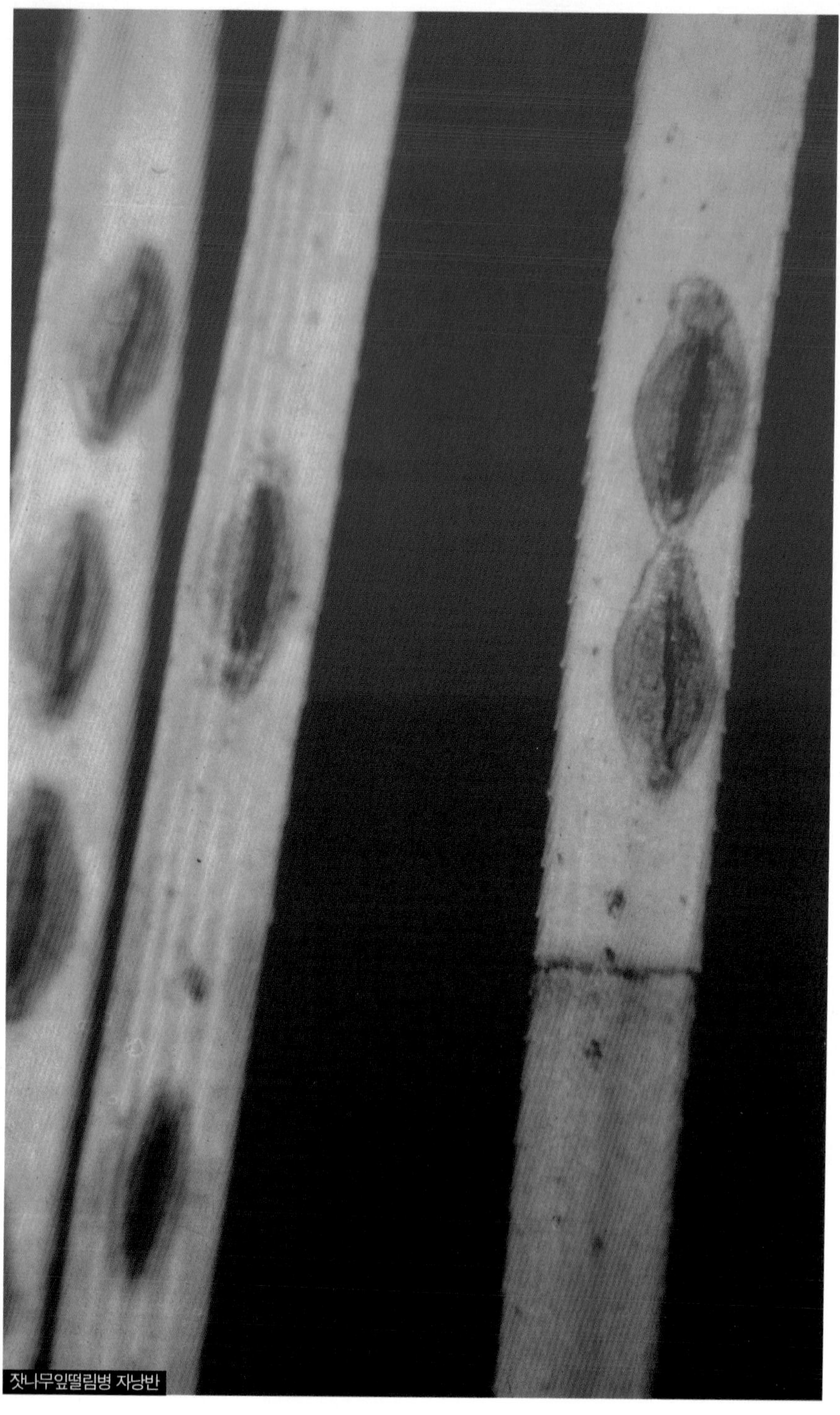
잣나무잎떨림병 자낭반

잣나무잎녹병

학명 _ *Coleosporium eupatorii* Hirats. f.
Coleosporium asterum (Dietel) Sydow
Coleosporium paederiae Dietel ex Hiratsuka

잣나무잎녹병 수포자

❶ 피해 상태

녹병균의 중간기주로서 *C. eupatorii*는 등골나물, *C. asterum*은 참취, *C. paederiae*는 계요등이다. 피해를 받은 나무는 조기 낙엽된다.

❷ 생태 및 병징과 표징

담자균에 의한 병으로 봄철에 황색 내지 황백색의 조그마한 황색 주머니가 침엽에 열을 지어 발생, 이것이 터지면서 황색 가루가 나와 중간기주로 날아가 병을 전염시킨다.

❸ 병원균

*C. eupatorii*의 녹포자기(수포자낭)는 길이 0.8~3㎜, 높이 1~1.8㎜이며, *C. asterum*의 녹포자기는 길이 1.5~3㎜, 폭 0.4~1㎜, *C. paederiae*의 녹포자기는 타원형 또는 장타원형으로 포자의 크기는 15~26×12~16㎛이다.

❹ 방제법

소나무류 잎녹병 참조

잣나무잎녹병 중간기주(여름포자)

잣나무

향나무녹병 피해를 입은 나무

❶ 피해 상태

배나무, 모과나무, 명자나무, 산당화, 꽃사과 등 장미과 식물의 적성병과 동일한 병균으로, 향나무녹병을 일으키는 녹병균은 *Gymnosporangium haraeanum*(향나무녹병), *Gymnosporangium yamadae*, *Gymnosporangium nipponicum*, *Gymnosporangium juniperi*(세모붉은별무늬병), *Gymnosporaium japonicum*, *Gymnosporangium hemisphaericum* 등 6종류가 기록되어 있다. 향나무는 잎과 가지가 일부 적갈색으로 고사된다.

❷ 생태 및 병징과 표징

4~5월 초순경 비가 오면 가지와 잎에 적황색 또는 황갈색의 우무(한천) 모양 덩어리(동포자퇴)가 나타난다. 겨울포자가 발아하여 소생자가 되며 중간기주인 배나무 등 활엽수로 날아가 잎에 적갈색의 둥근 병반이 생기고 6월이 되면 잎 뒷면에 녹포자가 생겨 향나무로 날아와 전염한다. 여름포자는 형성되지 않는다.

❸ 병원균

*Gymnosporangium yamadae*과 *Gymnosporangium haraeanum*가 가장 많은 병을 유발시키는 병원균으로 보고되고 있다.

❹ 방제법

- 약제 _ 트리아디메폰 수화제(바리톤, 티디폰)
- 시기 _ 활엽수 : 4월 초순~5월 중순,
  향나무 : 5월 하순~6월
- 방법 _ 500배 희석액을 7~10일 간격으로 중간기주(배나무, 모과나무 등)에 3~4회 살포
- 유의점 _ 중간기주에서 날아오는 녹포자에 의해서 전염되므로 녹포자가 날아오는 시기인 5월 하순~7월 초순에 7~10일 간격으로 3~5회 향나무에 살포

가지에 나타난 동포자퇴

잎에 나타난 동포자퇴

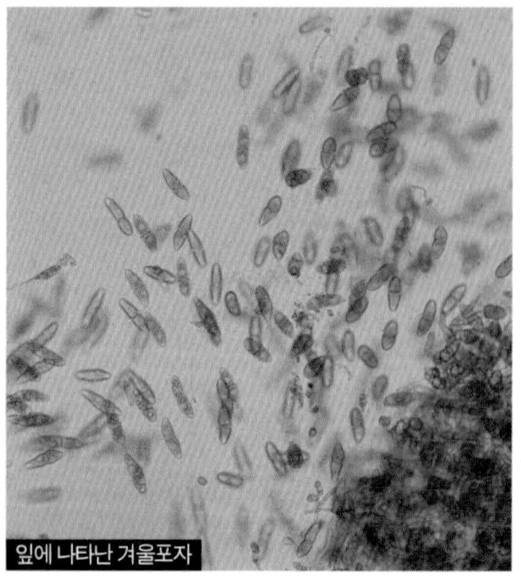
잎에 나타난 겨울포자

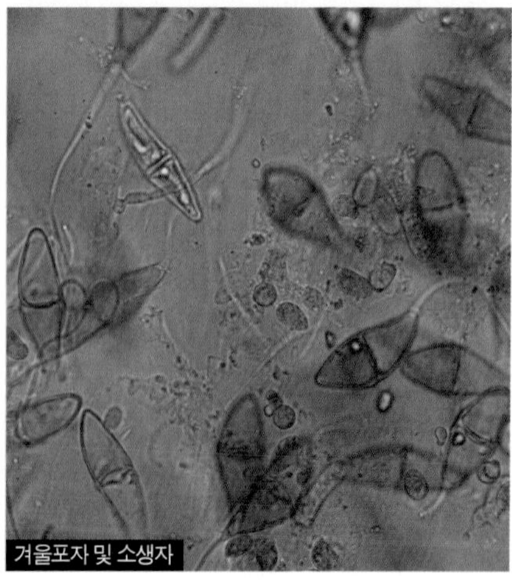
겨울포자 및 소생자

향나무아고병

학명 _ *Macrophoma juniperina* Peck

향나무아고병의 병징

❶ 피해 상태

봄과 초여름 사이에 신초가 자라다가 생장이 중지되며 측지에서 새 눈이 나오다가 다시 생장이 중지되고, 신초들의 신엽과 인편이 회색 또는 회백색으로 변하다가 병이 진전됨에 따라 회갈색, 담갈색이 된다.

❷ 생태 및 병징과 표징

봄에 신초가 생장하나 잎이 회갈색, 담갈색으로 변하면서 생장이 중지되고 갈색으로 변한 병엽에는 흑색 소립점이 생긴다. 이 소립점은 병자각으로 초기에는 조직 속에서 생긴 후 조직을 뚫고 외부로 나온다.

❸ 병원균

병자각의 크기는 300~350×400~450㎛이며, 발아할 시기가 되면 병자포자의 중앙에 격막이 생겨 2포자가 된다.

❹ 방제법

- 약제 _ 만코제브 수화제(다이센엠-45, 만코지), 동 수화제(옥시동, 신기동, 포리동)
- 시기 _ 4~5월
- 방법 _ 약종별로 500~1,000배 희석액을 7~10일 간격으로 2~3회 살포

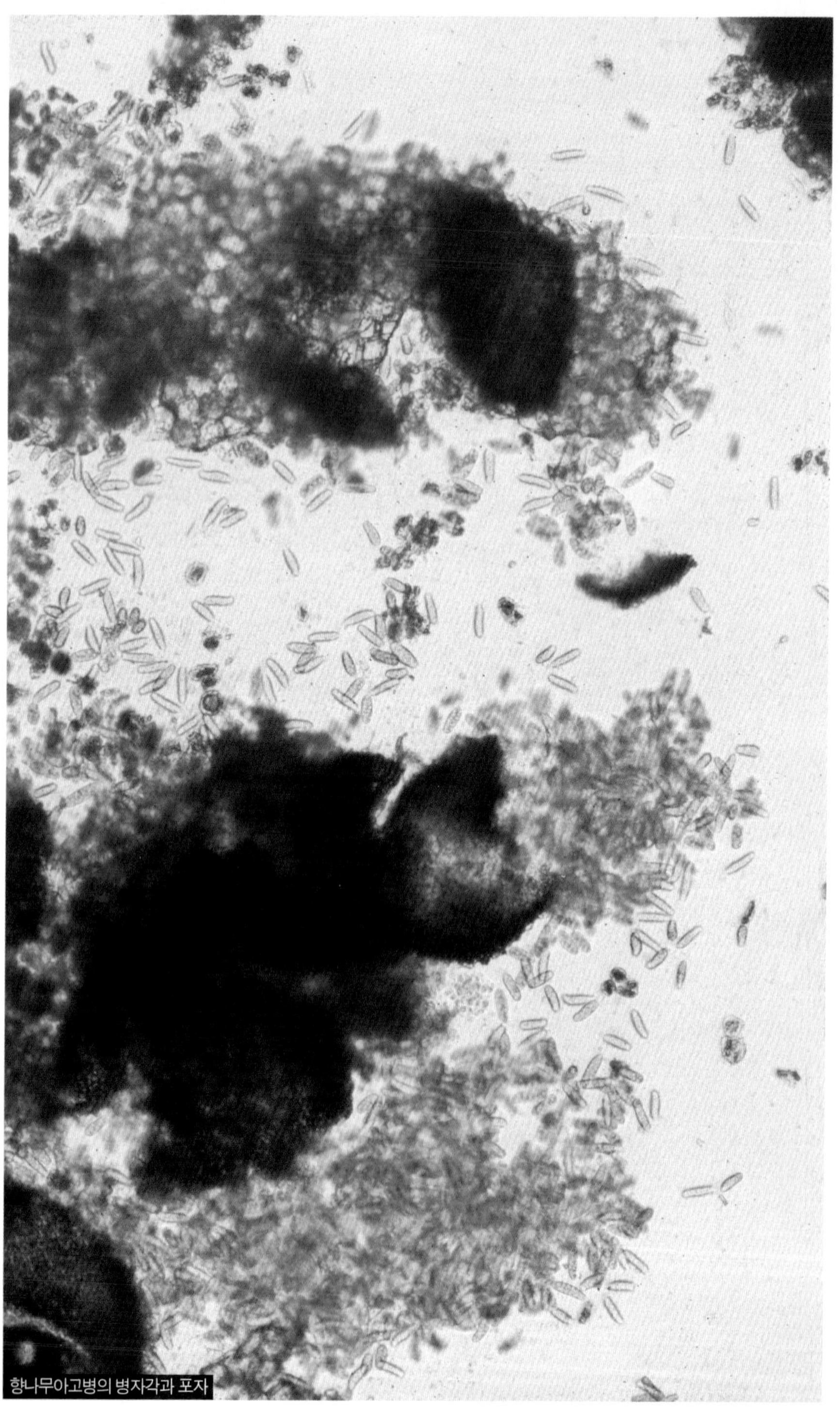

향나무아고병의 병자각과 포자

향나무페스탈로치아엽고병

학명 _ *Pestalotiopsis neglecta* Steyaert
Pestalotiopsis glandicola Steyaert

향나무페스탈로치아엽고병 피해를 입은 가지

❶ 피해 상태

부분적으로 신초와 잎이 적갈색으로 변한다. 잎이 줄기에 부착되어 조경수로서의 가치가 상실되지만 수목은 고사되지 않는다.

❷ 생태 및 병징과 표징

신초와 잎이 적갈색으로 변한다. 피해가 진전됨에 따라 회백색으로 변하면서 신초 줄기와 잎에 흑색 소립점(분생자퇴)이 나타나고 습기가 많으면 돌출, 흑색의 짧은 포자각이 나타나며, 소나무페스탈로치아엽고병과 유사한 병원균이 나타난다.

❸ 병원균

분생포자는 방추형으로 5포로 되어 있고, 중앙의 3세포는 암회색, 회색이며 2~3의 편모를 가지고 있다.

❹ 방제법

소나무페스탈로치아엽고병 참조, 통풍 원활하게 하고 배수에 신경

습실 처리 후 포자각

확대하여 본 포자각

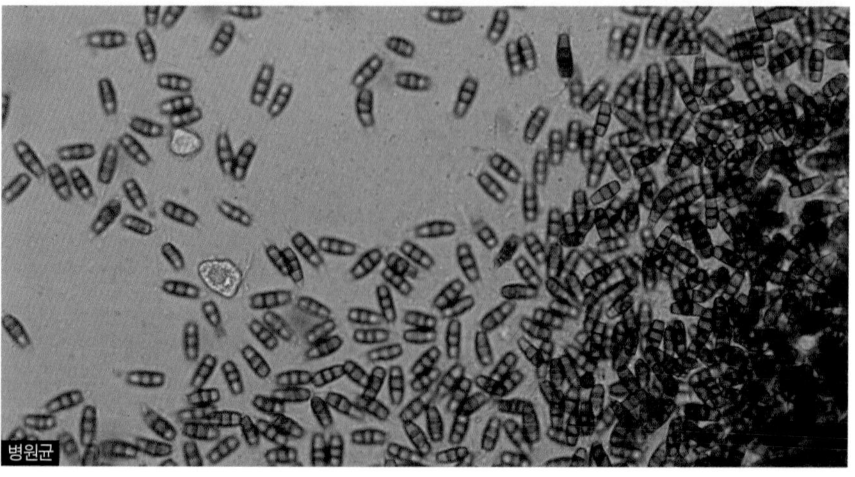
병원균

향나무

편백·회백가지마름병

학명_ *Seiridium unicorne* B. Sutton
Monochaetia unicornis Sacc.

편백·회백가지마름병 피해를 입은 가지

❶ 피해 상태

가지와 줄기의 수피가 세로로 찢어지면서 송진이 흐른다. 병든 부분을 한 바퀴 돌면 피해 가지는 적갈색으로 말라 죽고 경계부의 병든 조직은 약간 부풀어 오르며 송진이 흐른다.

❷ 생태 및 병징과 표징

병든 부분에서 수피를 뚫고 검은 돌기(분생자퇴)가 나타난다.

❸ 병원균

분생포자(分生胞子)는 방추형으로 6세포이며 격막 부위가 약간 오목하다. 양쪽 끝의 세포는 무색으로 각각 1개의 부속사(附屬絲)를 가지며 윗부분은 길이가 6~17㎛로 휘어져 있지만 아랫부분의 부속사(附屬絲)는 곧고 짧다. 크기는 21~30×7.5~10㎛이고, 중앙의 4세포는 암갈색을 띠며 길이는 19~24㎛이다.

❹ 방제법

병든 가지는 건전부에서 절단을 해 태우거나 묘포에서는 생육기에 보르도액이나 만코제브 수화제(다이센엠-45, 만코지)를 500배 희석하여 월 2회 정도 살포한다.

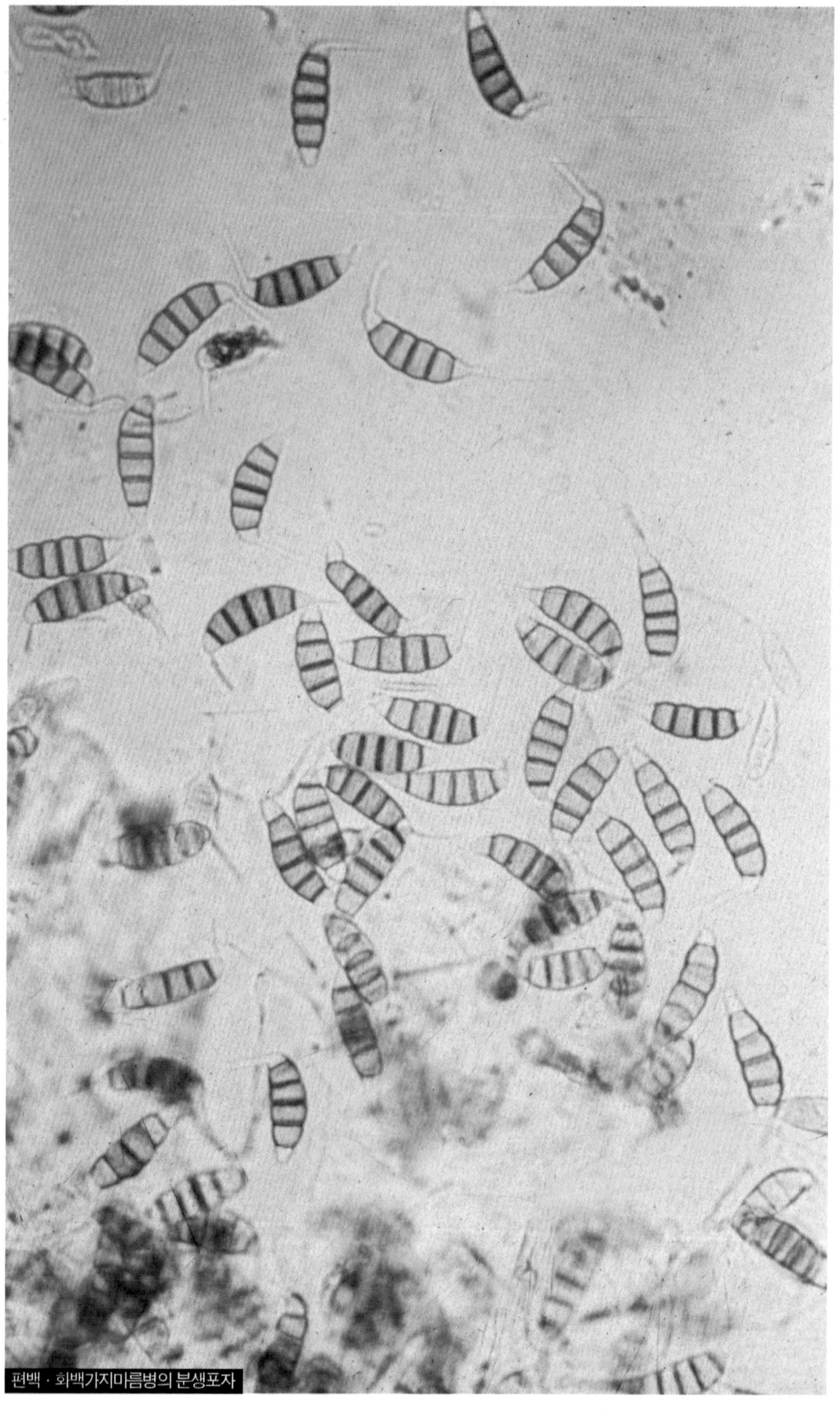
편백 · 회백가지마름병의 분생포자

은행나무페스탈로치아엽고병

학명 _ *Pestalotia ginko* Hori
Pestalotiopsis foedans (Saccardo et Ellis) Steyaert

은행나무페스탈로치아 엽고병

❶ 피해 상태

페스탈로치아엽고병은 봄철에 발생하지 않고 여름철 장마 시기 이후에 피해가 많이 발생한다. 때로는 조기 낙엽되기도 하며 수목이 고사되진 않으나 가로수 또는 조경수의 가치가 상실된다.

❷ 생태 및 병징과 표징

하절기에 태풍에 의한 잎의 상처와 과습으로 인해 발병되는데, 이는 병원균의 상처를 통하여 전염되기 때문이다. 병징은 잎 가장자리부터 부정형의 갈색 반점이 생기거나 잎 중앙 부위에 부정형의 갈색 병반이 생기는 경우도 있다. 병반 위에는 흑색 소립점(분생자층)이 나타난다.

❸ 병원균

포자는 5개의 세포로 구성되어 있으며 중앙의 3개는 담갈색, 양쪽은 무색으로 3개의 꼬리(부속사)를 가지고 있다. 크기는 12~16.7×6~8.5㎛이다.

❹ 방제법

- 약제 _ 코퍼하이드록사이드 수화제(쿠퍼, 코사이드), 동 수화제(옥시동, 신기동, 포리동)
- 시기 _ 6월부터 시작하여 8월 이후는 태풍이나 강풍 후
- 방법 _ 1,000~2,000배 희석액을 월 1~2회 살포, 수세 회복을 위하여 비배관리에 중점

은행나무페스탈로치아엽고병 피해를 입은 잎

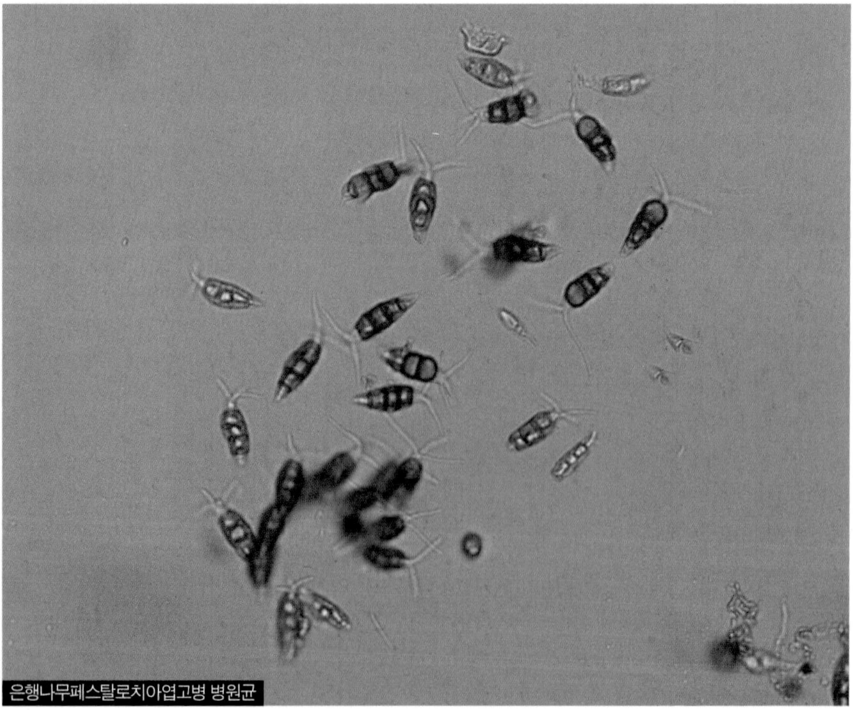

은행나무페스탈로치아엽고병 병원균

은행나무그을음엽고병

학명 _ *Gonatobotryum apiculatum* (Peck) Hughes

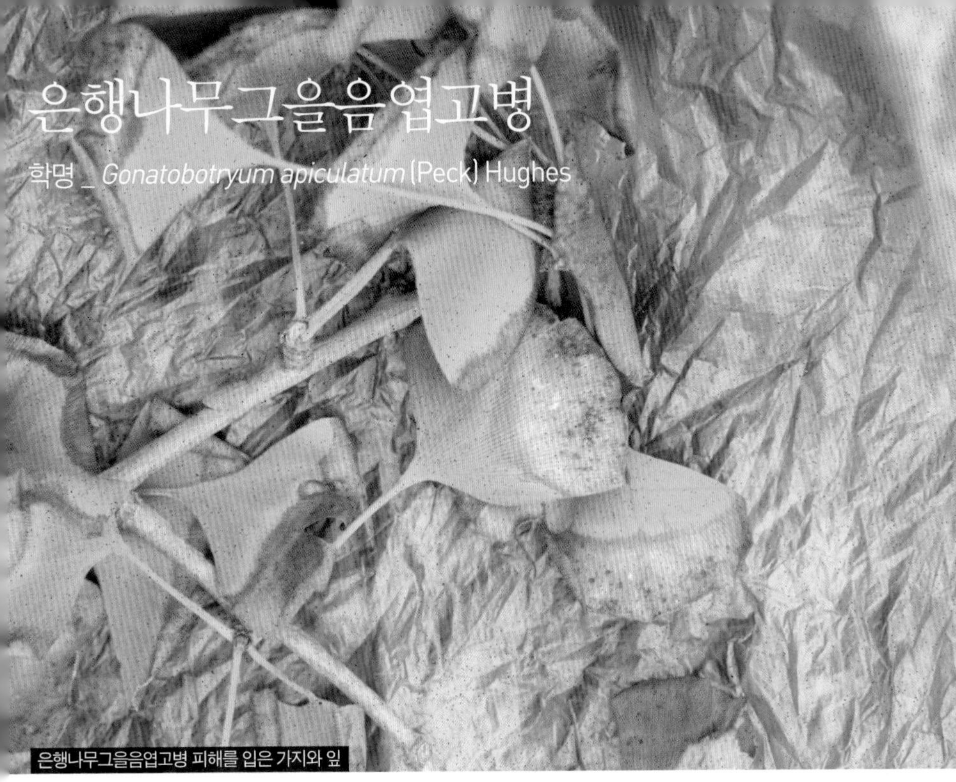

은행나무그을음엽고병 피해를 입은 가지와 잎

❶ 피해 상태

7월경부터 발병되며 조기 낙엽된다. 병든 잎은 그을음이 묻어 있는 듯한 현상이 나타나며 잎 가장자리부터 갈색 또는 암갈색으로 변한다.

❷ 생태 및 병징과 표징

초기에는 잎가에 담갈색의 병반이 생긴다. 병반이 확대되면서 수 ㎜의 담갈색 띠가 형성되며 병반 이면에는 회갈색의 소립점(분생자병)이 생긴다. 소립점은 불규칙 또는 윤문상으로 나타난다. 병원균은 낙엽과 같이 월동한다.

❸ 병원균

분생포자는 황색~담갈색으로 난형~포탄형의 단포이다. 크기는 5~15×2.5~5㎛이다.

❹ 방제법

은행나무 페스탈로치아엽고병 참조

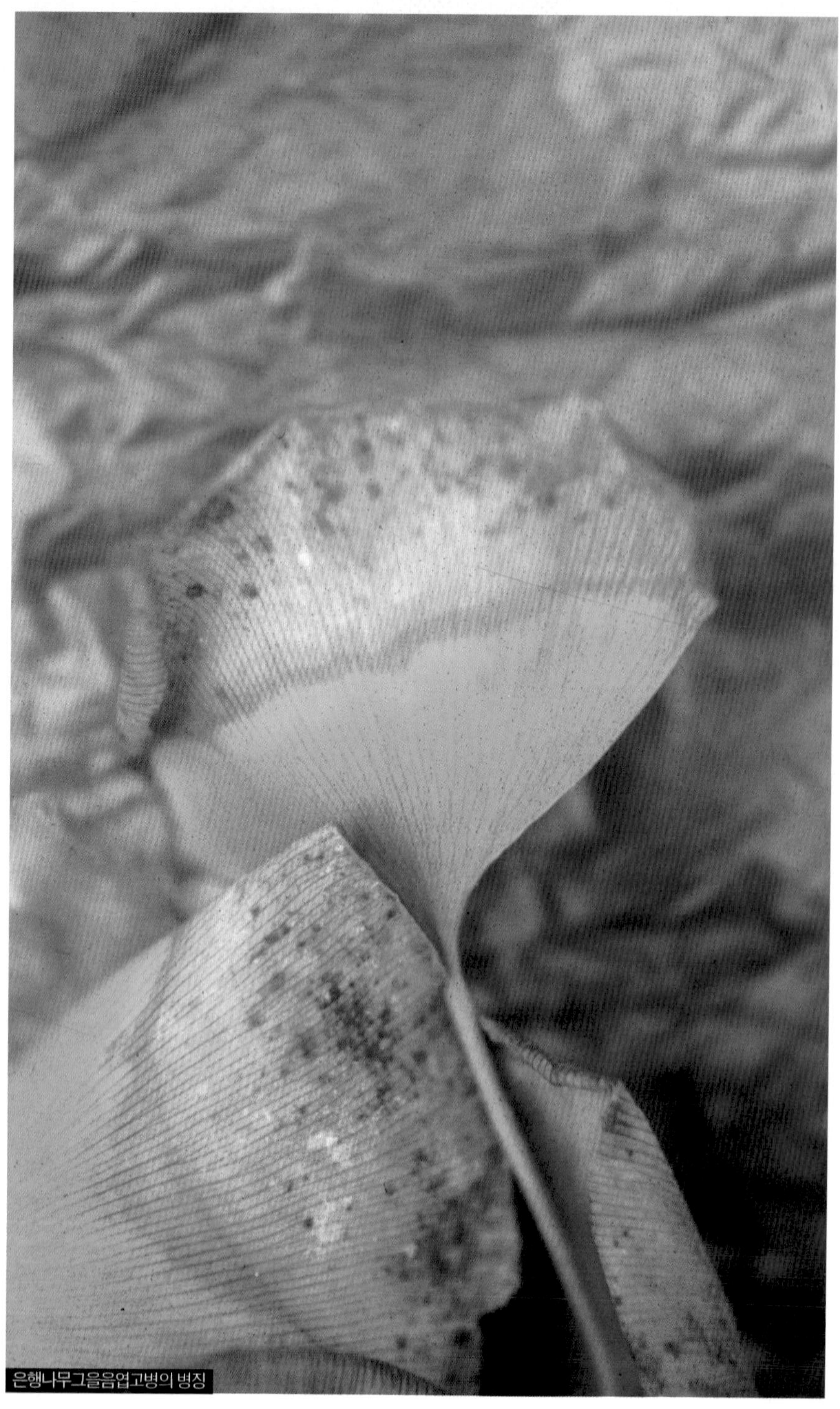

은행나무그을음엽고병의 병징

은행나무줄기마름병(동고병)

학명 _ *Fusarium* sp.

은행나무 수간에 나타난 표징

❶ 피해 상태

남면 및 서남면에 수피가 이탈되거나 목질부가 노출되어 부패가 진전된다. 수직 방향으로 수피가 갈라지며 수피와 목질부 사이가 들뜬다.

❷ 생태 및 병징과 표징

병원균은 대형목 이식 시 지제부 수간에 상처가 생기고 지표 온도가 높게 올라가면 토양 속에 월동하고 있던 균이 이들 상처를 통하여 감염된다. 병원균의 발육 온도는 30℃ 이고 습기가 높을수록 발병률이 높다. 노출된 내수피 표면에 복숭아색의 점괴가 다수 형성된다.

❸ 병원균

분생포자는 등색, 대형분생자는 무색이며 양끝이 구부러져 있다.

❹ 방제법

수간 남면 지제부 부근을 피복하거나 흰색 도포제를 칠하여 열의 전도를 차단한다. 고온 다습한 지역에 발생되는 경향이 있으므로 토양 습도가 높은 지역은 배수구를 설치, 과습을 방지하고 토양을 사질양토나 사토로 교환한다.

은행나무 수간에 나타난 표징

메타세콰이아페스탈로치아엽고병

학명 _ *Pestalotiopsis foedans* (Saccardo et Ellis) Steyaert
Pestalotiopsis neglecta (Thümen) Steyaert

페스탈로치아엽고병 피해를 입은 가로수

❶ 피해 상태

초기에는 잎의 선단부에 침입, 잎 선단부가 갈색으로 변하는 특징이 있으며 피해가 진전됨에 따라 회갈색, 회색으로 변한다.

❷ 생태 및 병징과 표징

피해 잎의 병반과 건전 부위의 경계선이 뚜렷하며 병반 위에 흑색 소립점(자좌)이 나타나고 습하면 포자각을 생성한다.

❸ 병원균

포자는 곤봉상 또는 타원형의 방추형으로 3개의 격막이 있으며 양쪽 2세포는 무색이고, 중앙 3세포는 유색이다. 포자에는 2~4개의 섬모가 있으나 일반적으로 3개이다. 병원균의 크기는 21~41㎛ × 7~10㎛이며, 섬모의 길이는 13~19㎛이다.

❹ 방제법

- 약제 _ 동 수화제(옥시동, 신기동, 포리동)
- 시기 _ 8~9월
- 방법 _ 약종별로 500~1,000배 희석액을 7~14일 간격으로 3회 살포

페스탈로치아엽고병 피해 상태

페스탈로치아엽고병 병징

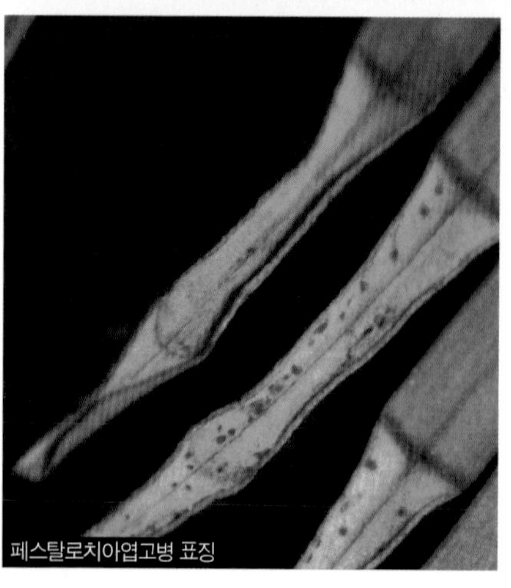
페스탈로치아엽고병 표징

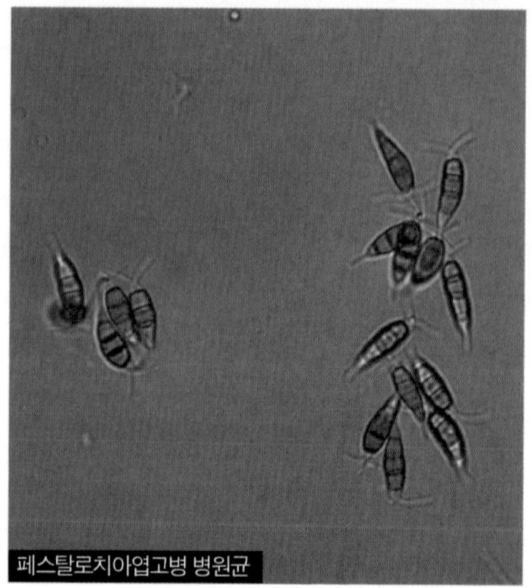
페스탈로치아엽고병 병원균

벚나무갈색무늬구멍병(천공성갈반병)

학명 _ *Pseudocercospora cerasella* Sacc.
Cercospora cerasella Saccardo

벚나무갈색무늬구멍병 피해

❶ 피해 상태

잎이 조기 낙엽되고 고사지가 발생되며 개화도 없는 벚나무가 된다.

❷ 생태 및 병징과 표징

5~6월경부터 피해가 나타나기 시작, 7~8월경에는 피해가 급격히 심해진다. 피해는 수관의 아래 잎에서 발생되어 차츰 상층부로 올라가는 습성이 있다. 원형 반점은 건전부와의 경계에 담갈색의 선이 뚜렷이 나타나고 조금씩 이탈되어 잎에 원형의 구멍이 나타난다.

❸ 병원균

자낭각의 모양은 구형~편구형으로 개구공이 있으며, 크기는 높이 54~103㎛, 직경 52~103㎛이다.
자낭각 속의 자낭은 원통형, 곤봉형으로 크기는 28~44×6~10㎛이며, 자낭 속에 8개의 자낭포자를 보유하고 있다. 자낭포자의 크기는 11~18×2.5~4.3㎛로 다소 구부러져 있거나 방추형의 2포다.

❹ 방제법

- 약제 _ 유기유황제
- 시기 _ 4월 하순~5월 초순
- 방법 _ 2~3회 살포, 병든 낙엽 소각

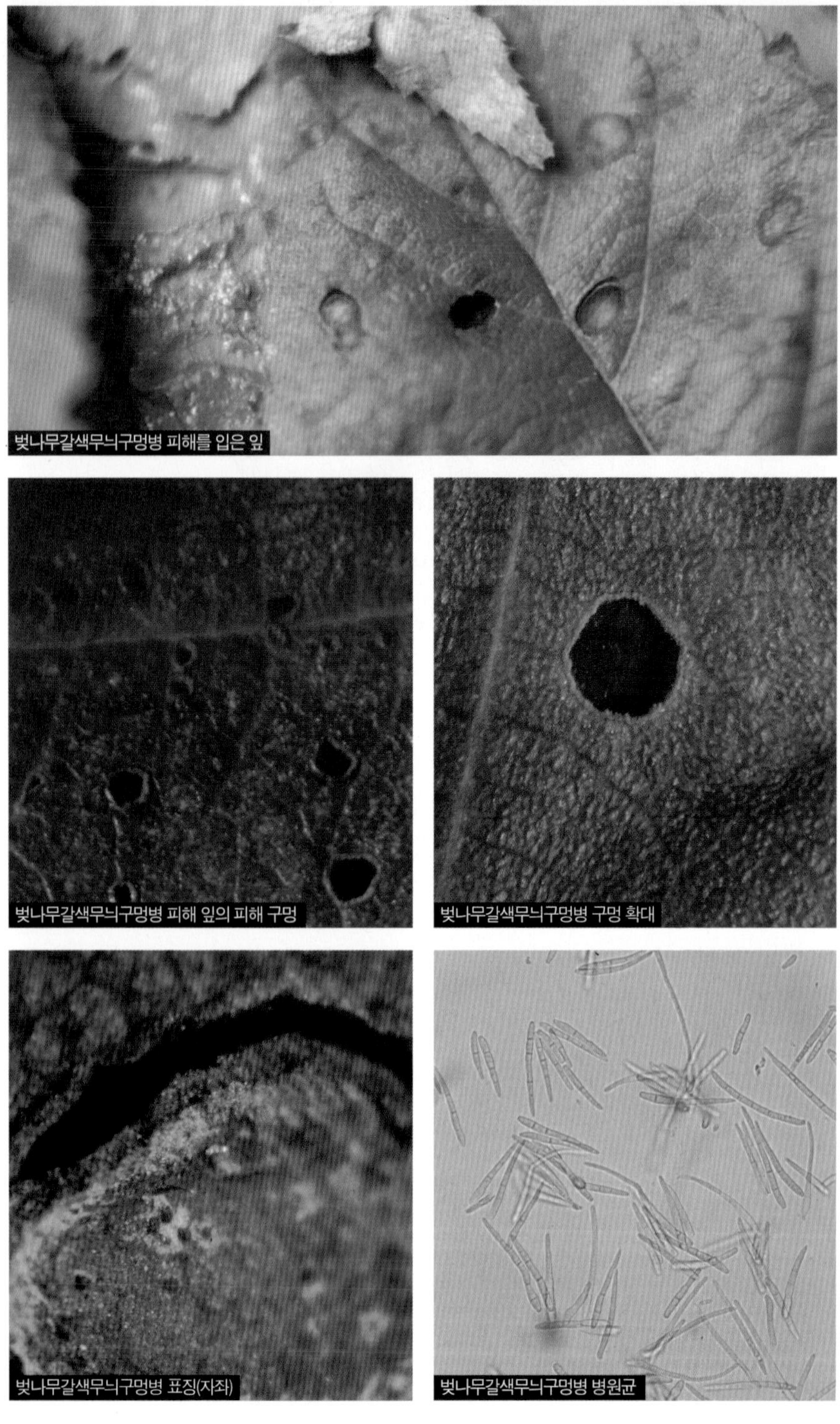
벚나무갈색무늬구멍병 피해를 입은 잎

벚나무갈색무늬구멍병 피해 잎의 피해 구멍

벚나무갈색무늬구멍병 구멍 확대

벚나무갈색무늬구멍병 표징(자좌)

벚나무갈색무늬구멍병 병원균

벚나무세균성천공병

학명 _ *Xanthomonas campestris* pv. pruni (Smith) Dye

벚나무세균성천공병 피해를 입은 잎

❶ 피해 상태

잎에 구멍이 생기고 조기 낙엽된다.

❷ 생태 및 병징과 표징

잎, 나뭇가지에 발병, 잎에는 수침상의 작은 반점이 점차 확대되어 갈색으로 변하고 피해 부분은 탈락되어 구멍이 생긴다. 나뭇가지에는 자갈색의 수침상 병반이 나타나며 병환 부분은 움푹 함몰된다.

❸ 병원균

세균의 크기는 1.0~1.5㎛ × 0.5~0.8㎛로 1~6개의 단극모가 있다.

❹ 방제법

- 약제 _ 스트렙토마이신(농용신 수화제)
- 시기 _ 4~5월
- 방법 _ 1,000배 희석액을 2~3회 살포

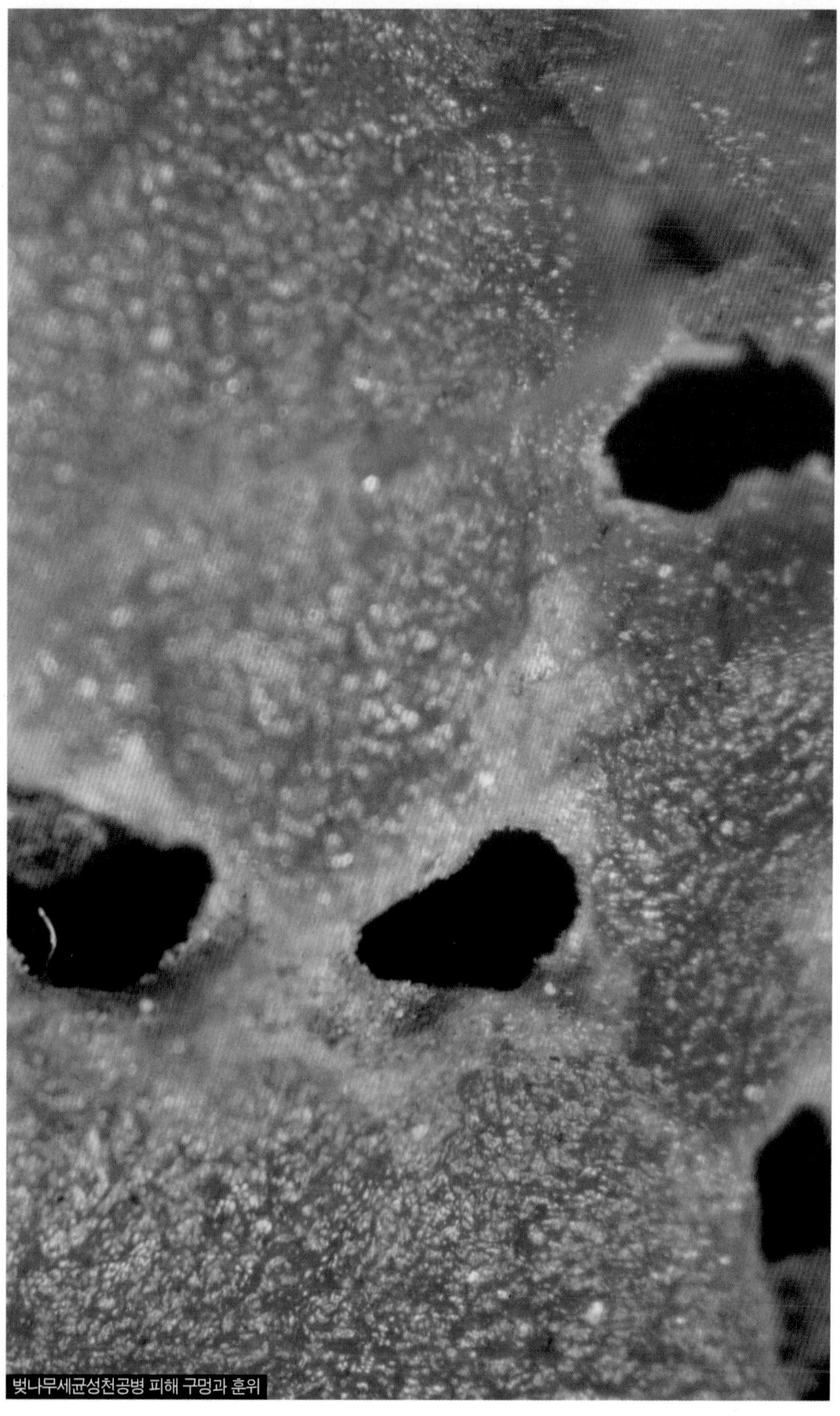
벚나무세균성천공병 피해 구멍과 훈위

벚나무빗자루병(천구소병)

학명 _ *Taphrina wiesneri* (Ráthay) Mix

벚나무빗자루병 피해를 입은 나무

❶ 피해 상태

자낭균인 타프리나(*Taphrina*)에 의해 발생하고 잎이 총생하며 조기 낙엽된다.

❷ 생태 및 병징과 표징

초기에는 가지의 일부분이 혹 모양으로 융기되고 그 부위에 잔가지가 불규칙하게 총생하며 자란다. 피해 잔가지의 잎은 조기에 갈색 또는 흑갈색으로 변하고 조기 낙엽되며 고사한다.

❸ 병원균

자낭은 곤봉상으로 17~53㎛이며, 자낭포자는 난형 내지 타원형으로 크기는 3.5~9×3~6㎛이며 자낭 속에서 발아한다.

❹ 방제법

- 약제 _ 보르도액(유기 유황제)
- 시기 _ 4월 하순~5월 초순
- 방법 _ 잎과 가지 전면에 충분히 살포, 겨울철 병든 가지 제거 후 도포제 처리(외과수술 실시)

벚나무균핵병

학명 _ *Monilinia kusanoi* (Hennigs ex Takahashi) Yamamoto

벚나무균핵병 피해를 입은 나무

❶ 피해 상태

벚나무 꽃이 진 후 새순이 나올 때 발생된다. 신초나 신엽이 시들어 아래로 기울고 병이 진전됨에 따라 갈색으로 고사하며, 고사한 신초와 잎에 회백색 곰팡이가 핀다.

❷ 생태 및 병징과 표징

봄에 개화하고 새순이 나올 때 병원균이 침입, 잎이나 가지에 갈색 반점이 형성되고 피해가 진전됨에 따라 수침상의 병반이 되고, 잎과 가지가 시들어 늘어지며 갈색으로 변하며 병반 위에 흰 가루(분생자괴)가 생긴다.

❸ 병원균

흰 가루는 분생포자로 준타원형의 무색단포이고, 크기는 10~17×7~12㎛이다.

❹ 방제법

- 약제 _ 베노밀 수화제(벤레이트, 다코스), 만코제브 수화제(다이센엠-45, 만코지)
- 시기 _ 개엽 직전 또는 직후
- 방법 _ 약종별로 500~2,000배 희석액을 7~10일 간격으로 3~5회 살포

벚나무균핵병 병징

벚나무균핵병 병징 확대

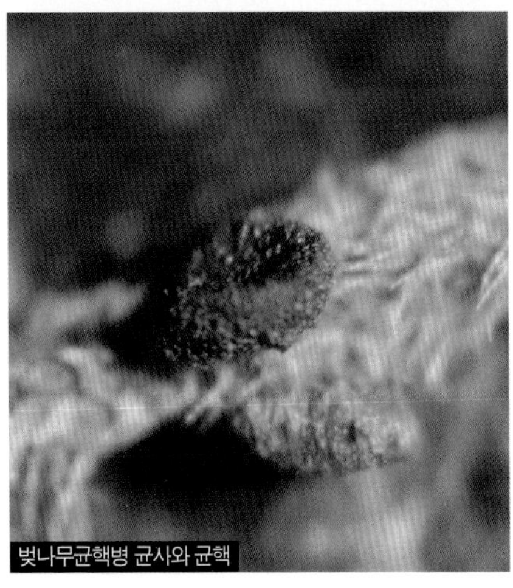
벚나무균핵병 균사와 균핵

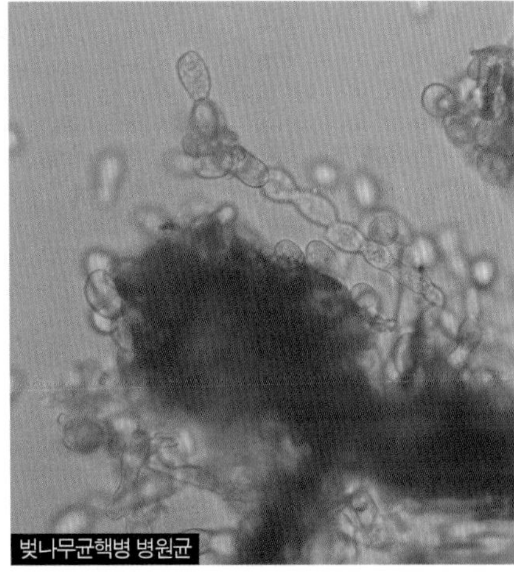
벚나무균핵병 병원균

벚나무점무늬병(반점병)

학명 _ *Cercospora prunicola* Ellis et Everhart
Pseudocercospora prunicola (Ellis et Everhart) Deighton

벚나무점무늬병 피해를 입은 잎

❶ 피해 상태

벚나무갈색무늬구멍병과 피해 상태가 유사하다.

❷ 생태 및 병징과 표징

엽신에 발병되고 소엽맥을 경계로 하여 2~4㎜의 작은 각반에 부정형의 다각형 암갈색 병반이 생긴다. 병반 뒤에는 회녹색 그을음상 곰팡이(분생자괴)가 다수 생긴다.

❸ 병원균

자좌는 구형이고 직경이 15~20㎛이며 큰 것은 75㎛되는 것도 있다. 분생포자는 원추형 또는 곤봉상으로 직립되어 있으나 약간 구부러져 있으며, 기부는 보통 절단된 것처럼 보이고 위쪽은 뾰족하다. 3~7개의 격막이 있고, 무색 내지 담갈색으로 크기는 15~65×105~3㎛이다.

❹ 방제법

- 약제 _ 만코제브 수화제(다이센엠-45, 만코지)
- 시기 _ 5~9월
- 방법 _ 450~500배 희석액을 월 1~2회 살포

벚나무포몹시스지고병(가칭)

학명 _ *Diaporthe eres* Nitschke
Phomopsis oblonga (Desmaziéres) Hühnel

벚나무포몹시스지고병 피해를 입은 잎

❶ 피해 상태

가지와 수간에 발병되지만 주로 가지에 피해가 많이 나타나고 있다.

❷ 생태 및 병징과 표징

수간이나 굵은 가지에 전염되면 전염 부위가 함몰된 후 병반이 형성되고 병자각이 나타나며 후에 병환부에는 자흑색의 작은 돌기(자낭각)가 나타난다.

❸ 병원균

분생자는 2종류가 있는데 A형은 무색의 단포로 타원형 또는 방추형이고 7.5~13.5×2.5~4㎛이다. B형은 단포로 무색이고 17.5~25×1.2~2㎛이다.

❹ 방제법

- 약제 _ 병환 부분 발견 시 제거 후 톱신페스트 도포제, 바셀린 처리를 한다. 피해 예상 수목의 잎이 나오기 전 보르도액, 동제(예방)
- 유의점 _ 피해 가지는 발견 즉시 제거, 소각

벚나무 가지에 나타난 표징

벚나무위조병

학명 _ *Fusicoccum pruni* Potebnia

벚나무위조병 피해를 입은 나무

❶ 피해 상태

상층부의 잎이 급격히 시든다.

❷ 생태 및 병징과 표징

가지의 일부가 발병하면 상층부의 잎이 급격히 시들고 건조해지며 갈색으로 변하여 조기 낙엽된다. 봄과 여름에 수피 밑에 흑색의 균체(자좌)가 생긴다.

❸ 병원균

자좌는 직경이 0.8~2.5㎜으로 안에는 분생자경이 밀식되고 그 위에 병자포자가 생긴다. 병자포자는 장타원형으로 선단부가 약간 팽대되어 있고 크기는 21~30×7~8㎛으로 미황색이며 발아할 때 1~4개의 격막이 생긴다.

❹ 방제법

피해지를 절단 소각하고 벚나무의 수세를 건강하게 유지시킨다. 식재지의 토양은 입단 구조 토양으로 개량하고 배수가 용이하도록 한다. 동절기에 석회유황합제를 살포한다.

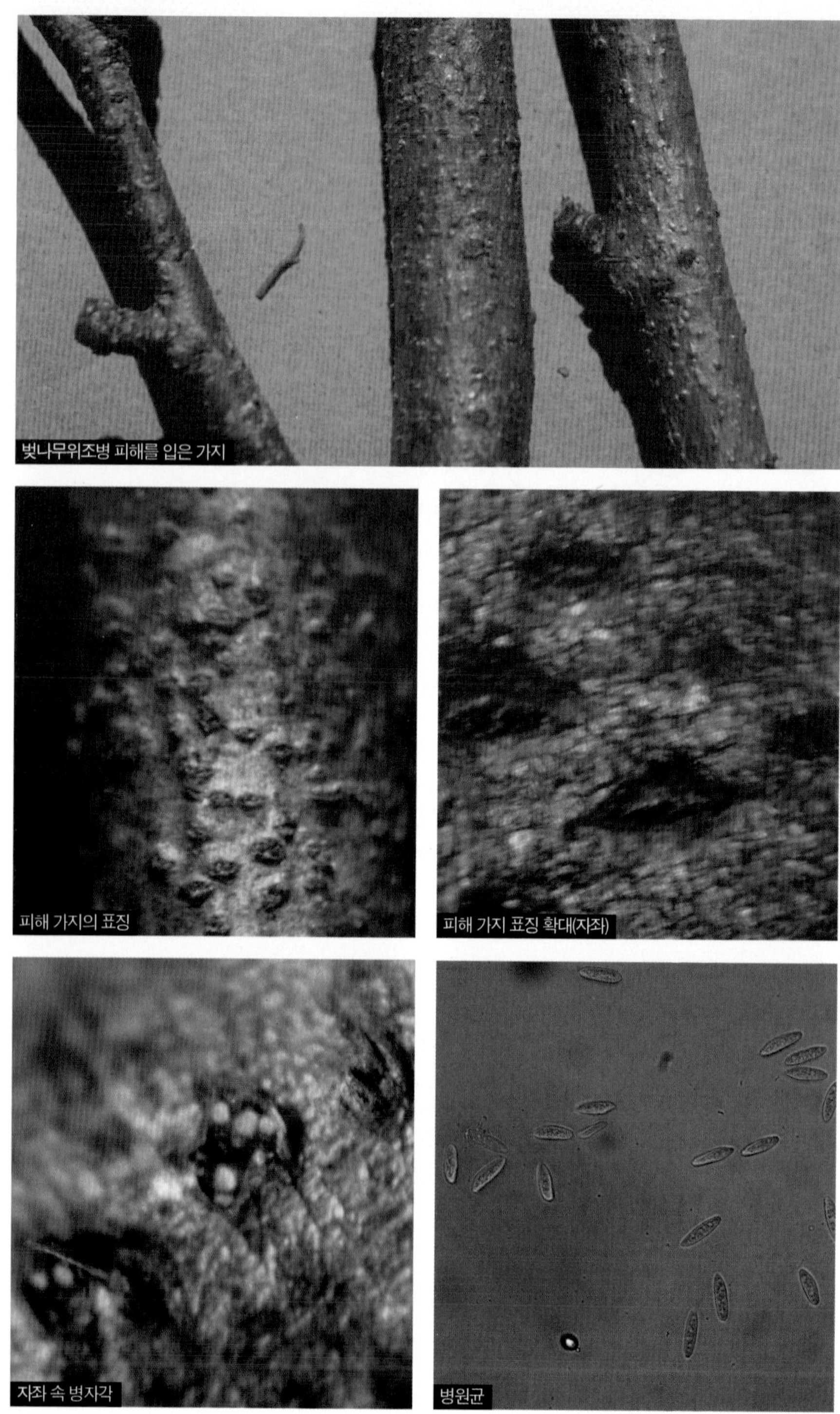
벚나무위조병 피해를 입은 가지

피해 가지의 표징

피해 가지 표징 확대(자좌)

자좌 속 병자각

병원균

벚나무

벚나무포몹시스혹병(가칭)

학명 _ *Phomopsis* sp.

벚나무포몹시스혹병의 병징

❶ 피해 상태

경기도 용인에서 벚나무 피해가 발견되었으며 (2000년) 철쭉류, 백당나무류, 느릅나무, 호두나무류, 단풍나무류, 참나무류, 쥐똥나무 등의 가지에도 혹이 생긴다.

❷ 생태 및 병징과 표징

가지와 작은 줄기에 혹이 생기며 혹이 생긴 상층부는 고사하거나 생장이 부진하다. 정확한 생태는 밝혀진 바 없다.

❸ 병원균

병자포자는 세사형으로 끝이 약간 구부러져 있으며 무색 단포이다.

❹ 방제법

- 약제 _ 동 수화제(옥시동, 신기동, 포리동), 코퍼설페이트베이식 수화제(네오보르도), 코퍼하이드록사이드 수화제(쿠퍼, 코사이드)
- 시기 _ 5월 중순
- 방법 _ 약종별로 500~1,000배 희석액을 수회 살포, 피해 가지를 제거하고 도포제 처리함

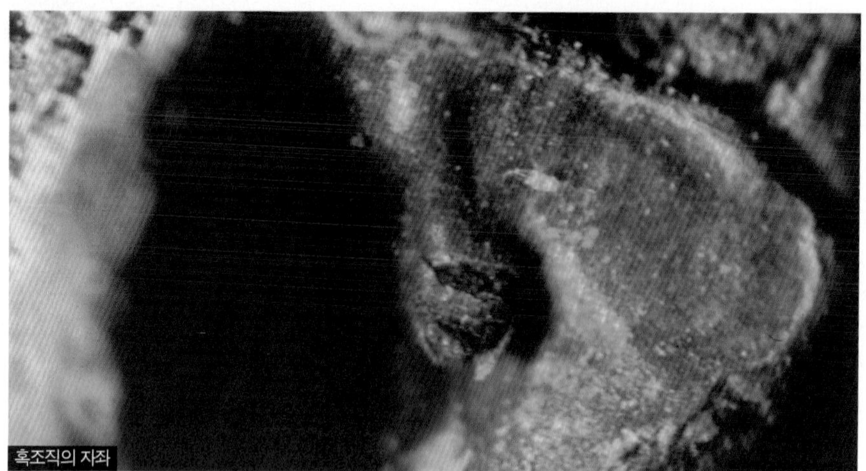
흑조직의 자좌

가지에 나타난 자좌

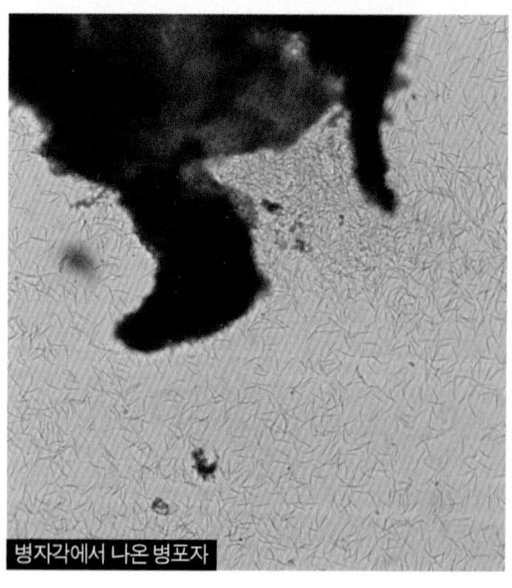
병자각에서 나온 병포자

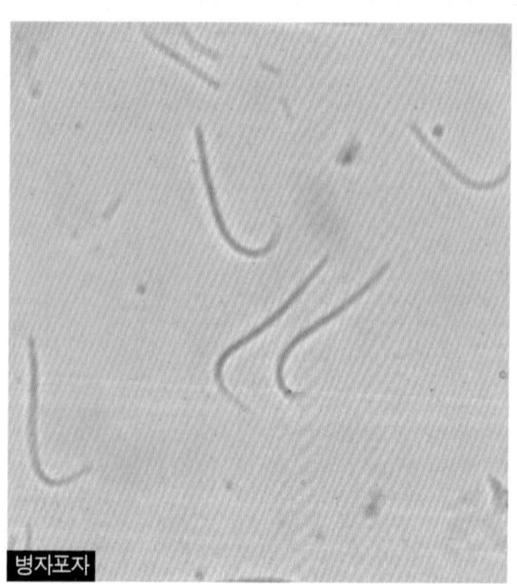
병자포자

벚나무줄기마름병(암종병)

학명 _ *Valsa ambiens* (Persoon Fries)
Cytospora ambiens Sacc.

벚나무줄기마름병 피해를 입은 가지

❶ 피해 상태

수세가 쇠약해지거나 고온, 건조, 동해 피해를 받았을 때 피해가 많이 나타난다.

❷ 생태 및 병징과 표징

줄기나 가지의 병환부가 약간 함몰하고 소립점이 나타나며 비가 오거나 습하면 적갈색, 분생자각이 나타난다. 병원균이 바람에 의하여 상처부에 침입하여 발병한다.

❸ 병원균

자낭균에 의한 병으로 병원균은 병환부 조직에 형성된 자낭각 형태로 월동한다.

❹ 방제법

- 방법 _ 열해, 동해, 건조 등의 피해가 없도록 하고 피해 가지는 절단하여 소각한다. 줄기의 경우 병환부 발견 즉시 도려내고 알코올 소독 후 도포제 처리

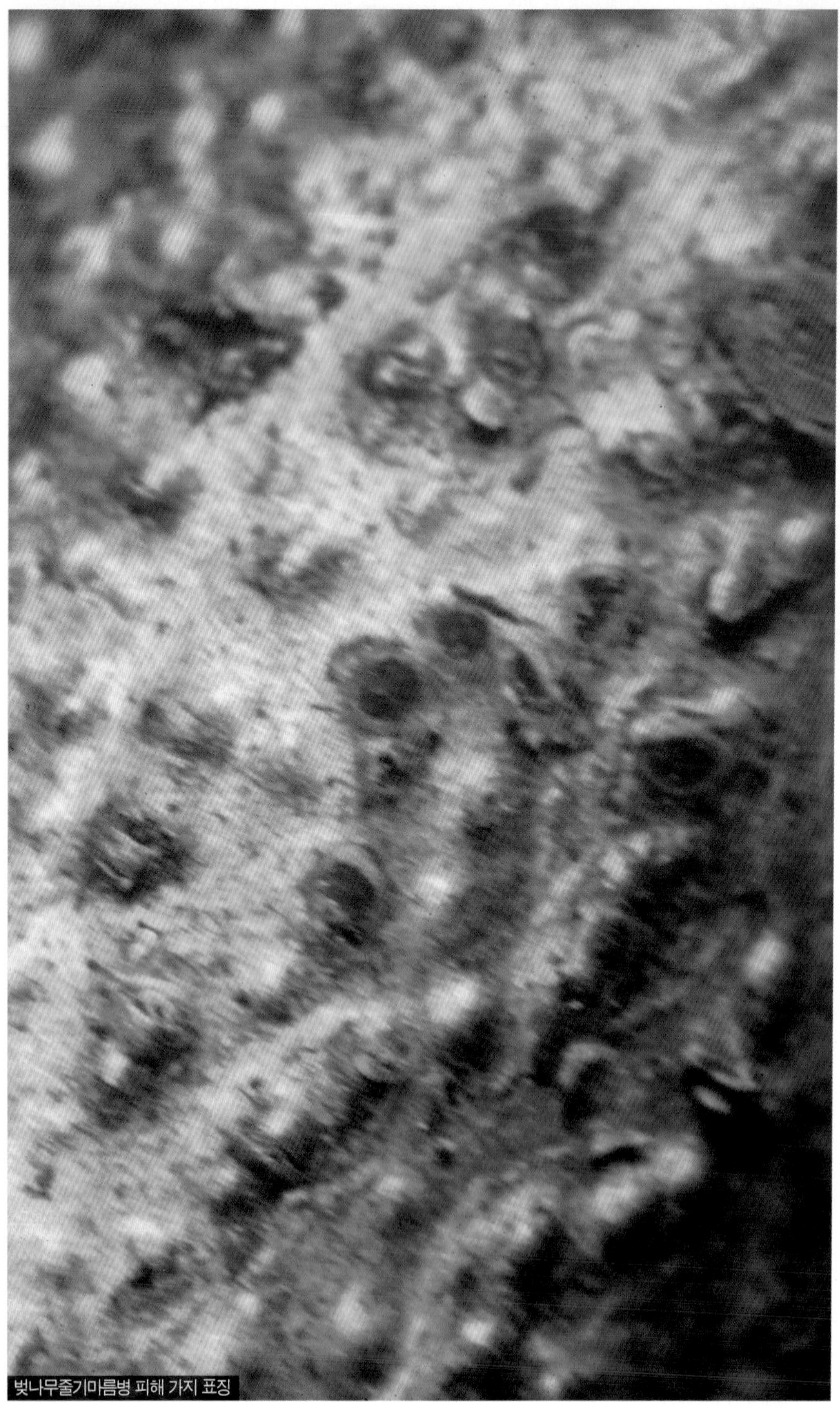
벚나무줄기마름병 피해 가지 표징

철쭉반점병

학명 _ *Phyllosticta maxima* Ellis et Ev.

철쭉반점병 피해를 입은 잎

❶ 피해 상태

우리나라 전국에 피해를 주고 있으며 생태 및 정확한 병원균의 동정이 요구된다.

❷ 생태 및 병징과 표징

병반이 불규칙형 선단부를 중심으로 확대형, 원형, 타원형이 나타나며, 건전부와의 경계는 적갈색 또는 적색에 의해 정확히 구별된다.

❸ 병원균

병자포자는 무색이고 격막이 없으며 난형 내지 장타원형으로 크기는 5~7 × 2㎛이다.

❹ 방제법

- 약제 _ 동 수화제(옥시동, 포리동, 신기동)
- 시기 _ 잎이 나오는 봄
- 방법 _ 약종별로 500~1,000배 희석액을 2~3회 살포

철쭉반점병 피해를 입은 잎

철쭉갈반병

학명 _ *Septoria azaleae* Voglino

철쭉갈반병 피해를 입은 잎

❶ 피해 상태

발생은 초가을부터 시작하여 겨울 동안에 심하게 나타난다.

❷ 생태 및 병징과 표징

7월부터 병이 발생하고 병반은 엽맥을 경계로 하여 다각형의 갈색 반점이 생긴다. 병반은 5㎜ 정도로 크게 확대되며 잎에 다수의 병반이 생기면 다음해 5~6월까지 낙엽된다. 우천 시 흰색의 소점괴(병자각)가 나타난다.

❸ 병원균

병자각의 크기는 32~110×4~170㎛이다. 병자포자는 무색이고 약간 구부러져 있으며 길고 양끝이 뾰족하다. 1~3개의 격막 또는 6~7개의 격막을 가진 것도 있다. 크기는 9~22×2~3㎛으로 일반 셉토리아(*septoria*)균보다 길이가 짧으며 여러 가지 형태이다.

❹ 방제법

- 약제 _ 만코제브 수화제(다이센엠-45, 만코지),
  동 수화제(옥시동, 신기동, 포리동)
- 시기 _ 5~9월
- 방법 _ 약종별로 500~1,000배 희석액을 강우 시 집중적으로 월 2회 살포

철쭉갈반병 피해 잎 표징

철쭉

철쭉엽반병

학명 _ *Pseudocercospora handelii* (Bubák) Deighton

철쭉엽반병 피해를 입은 잎의 병징

❶ 피해 상태

우리나라 철쭉류에 피해가 나타나고 있으나 갈반병과 병징이 비슷하여 구별하기가 곤란하므로 병균으로 분류해야 한다.

❷ 생태 및 병징과 표징

잎에 발생되는 병으로 갈색 내지 암갈색 엽맥을 따라 다각형 병반이 생긴다. 많은 병반이 합쳐지면 부정형이 대형 병반이 된다.

❸ 병원균

분생포자는 사상으로 다소 구부러져 있으며 담갈색으로 5~15개의 격막이 있다. 크기는 48~134×2~4㎛로 폭이 좁고 길이가 길다.

❹ 방제법

- 약제 _ 만코제브 수화제(다이센엠-45, 만코지),
  동 수화제(옥시동, 신기동, 포리동)
- 시기 _ 5~9월
- 방법 _ 약종별로 500~1,000배 희석액을 강우 시 집중적으로 월 1~2회 살포

철쭉엽반병 병반

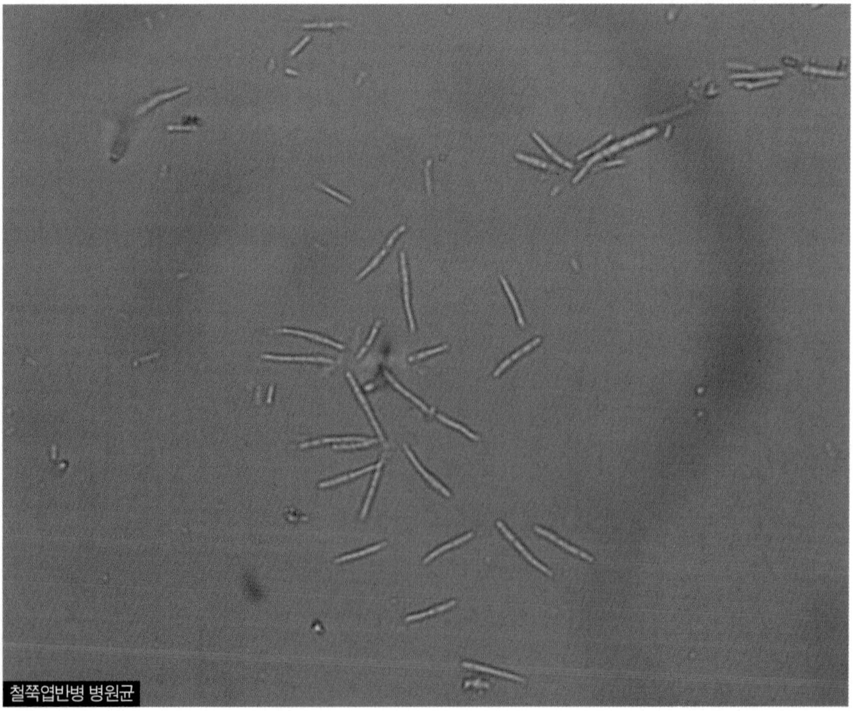

철쭉엽반병 병원균

철쭉떡병

학명 _ *Exobasidium otanianum* Ezuka
Exobasidium japonicum Shirai

철쭉떡병에 감염된 나무

❶ 피해 상태

주로 잎, 줄기, 눈에 기생하여 피해를 주며, 피해 잎은 기형적으로 융기되어 마치 떡 덩어리가 잎에 붙어 있는 것 같아 떡병이란 학명이 붙여졌다.

❷ 생태 및 병징과 표징

5월경부터 잎과 꽃눈에 전염되어 잎과 눈이 기형적으로 자라 마치 떡 덩어리가 잎에 붙어 있는 것처럼 육질의 혹이 형성된다. 시간이 경과하고 햇빛을 쬐면 적색으로 변하고 흰색의 분말(담자층, 담자포자)이 덮인다. 일반적으로 강우가 많거나 습한 장소에 많이 발생하며 가장 심한 시기는 5~6월경이다.

❸ 병원균

담자포자는 무색의 원통형, 심장형이며 크기는 5~12×4㎛이다.

❹ 방제법

- 약제 _ 동 수화제(옥시동, 신기동, 포리동)
- 시기 _ 4월 중순~5월 초순
- 방법 _ 약종별로 500~1,000배 희석액을 발병 전 2~3회 살포, 피해 잎 채집 후 소각

철쭉떡병 표징

철쭉탄저병

학명 _ *Gloeosporium rhododendri* Briosi et Cavara

철쭉탄저병 피해 잎(앞면)

❶ 피해 상태

잎에 원형, 반원형의 작은 반점이 나타나며 차츰 확대되고 회색 병반으로 동심윤문상이 나타난다.

❷ 생태 및 병징과 표징

병반 위에 소흑점이 나타나고 습하면 담홍색의 분생자퇴가 나타난다. 병원균이 낙엽에서 월동하고 빗물, 곤충, 바람에 의하여 전염된다.

❸ 병원균

분생포자는 무색 단포이며 타원형이고 양끝이 약간 홀죽하다. 크기는 10~16×3~5㎛이다.

❹ 방제법

- 약제 _ 티오파네이트메틸 수화제(톱신엠, 지오판), 동 수화제(옥시동, 신기동, 포리동)
- 시기 _ 봄
- 방법 _ 약종별로 500~1,000배 희석액을 살포

철쭉탄저병 피해 잎(뒷면)

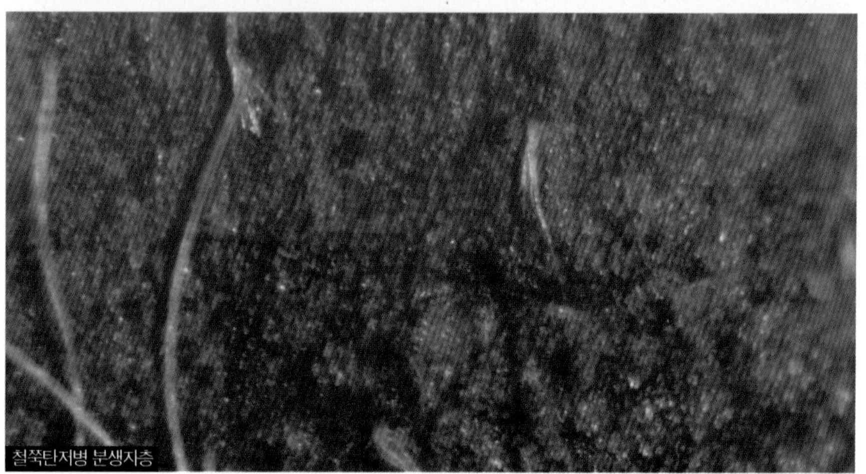
철쭉탄저병 분생자층

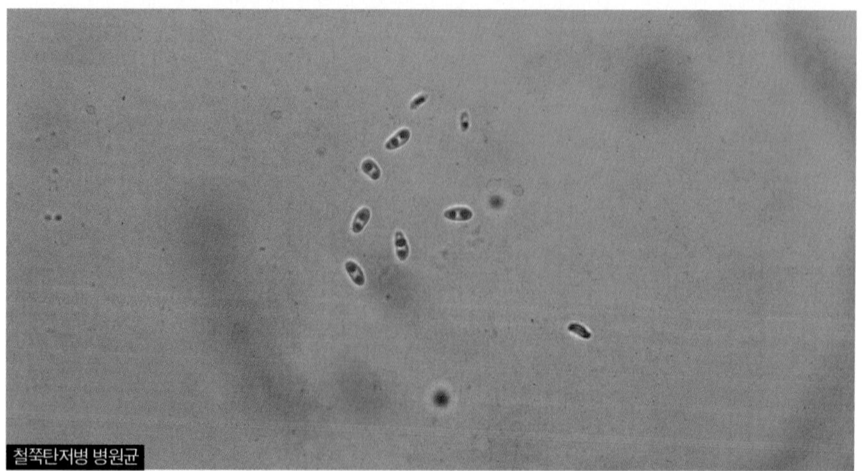
철쭉탄저병 병원균

철쭉녹병

학명 _ *Chrysomyxa rhododendri* de Bary

철쭉녹병 피해를 입은 나무

❶ 피해 상태

황색~흰색의 병반이 나타난다.

❷ 생태 및 병징과 표징

가문비나무류 녹병과 기주 전환을 하는 이종 기생성 녹병으로 분류된다. 여름에 잎 뒷면에 반점이 나타난다. 가을이 되면 병반에 소돌기(동포자퇴)가 집단적으로 나타나고 피해 잎은 낙엽진다.

❸ 병원균

여름포자는 구형에서 장원형으로 26~35×19~26㎛정도이고, 겨울포자는 짧은 원주형~장타원형으로 크기는 20~30×10~14㎛ 정도이다.

❹ 방제법

- 약제 _ 만코제브 수화제(다이센엠-45, 만코지), 트리아디메폰 수화제(바리톤, 티디폰)
- 시기 _ 6월
- 방법 _ 약종별로 500~1,000배 희석액을 살포, 피해 잎 채집 후 소각

철쭉민떡병

학명 _ *Exobasidium* sp.

철쭉민떡병 피해를 입은 잎

❶ 피해 상태

다른 떡병처럼 부풀어 오르지 않고 병환부가 밋밋하여 민떡병이라 칭한다.

❷ 생태 및 병징과 표징

초기에는 잎의 앞면에 지름 3~10㎜ 정도 되는 황록색의 둥근 병반이 나타나고 병반의 뒷면은 흰 가루가 뿌려진 것 같다. 건전부와의 경계가 뚜렷하다.

❸ 병원균

담자균의 일종으로 병반 뒷면의 자실층에 담자포자와 분생포자를 형성한다.

❹ 방제법

- 약제 _ 동 수화제(옥시동, 신기동, 포리동)
- 시기 _ 4월 하순~6월 초순
- 방법 _ 약종별로 500~1,000배로 희석하여 10일 간격으로 3~4회 살포

철쭉민떡병 피해를 입은 잎 확대

버즘나무가지마름병(탄저병)

학명 _ *Apiognomonia veneta* (Saccardo et Spegazzini) Hühnel
Gnomonia veneta (Saccardo et Spegazzini) Klebahn
Discula platani (Peck) Sacc.(무성세대)

버즘나무탄저병 피해를 입은 나무

❶ 피해 상태

이른 봄 동아가 발아하지 않고 또는 발아 후 고사하거나 잎 2~3개가 나오다가 고사한다.

❷ 생태 및 병징과 표징

신초가 고사하거나 잎이 정상적으로 나와 생장하다가 8~9월 초 · 중순경 잎 중앙의 주맥과 측맥 사이에 엷은 갈색 무늬의 병반이 생기고 점차 확대되면서 갈색으로 변하고 조기 낙엽된다.

❸ 병원균

포자는 타원형 또는 한쪽이 좁은 포자도 있으며 2포이나 2포가 아닌 것도 있다.

❹ 방제법

- 약제 _ 석회유황합제, 만코제브 수화제 (다이센엠-45, 만코지)
- 시기 _ 동기 : 석회 유황합제
  하기 : 만코제브 수화제(다이센엠-45, 만코지)
- 방법 _ 석회유황합제 9~10배, 만코제브 수화제(다이센엠-45, 만코지) 400~500배 희석액을 1~2회 살포한다. 1차 피해 시 수간주사 등으로 영양을 공급하여 신초 조기 발생 유도

신초에 나타난 피해 상태

잎에 나타난 피해

잎에 나타나는 병징

잎에 나타나는 병징 확대

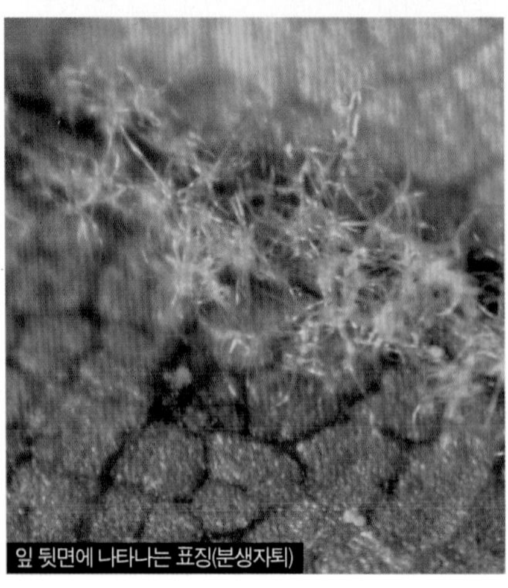
잎 뒷면에 나타나는 표징(분생자퇴)

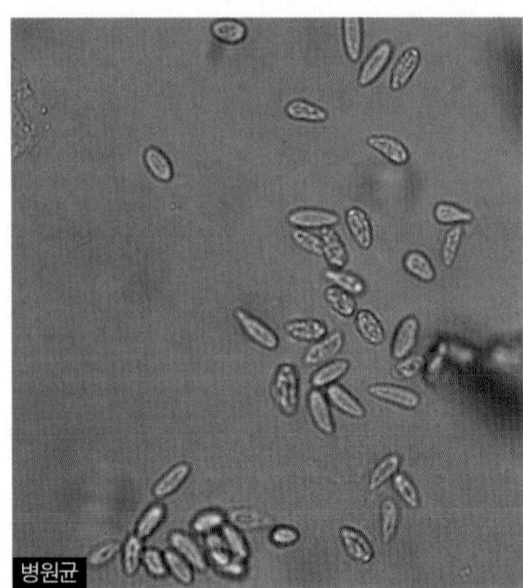
병원균

버즘나무페스탈로치아병

학명 _ *Pestalotiopsis eugeniae* Kaeko
Pestalotiopsis funerea Steyaert

버즘나무페스탈로치아병이 잎에 나타난 포자각

❶ 피해 상태

이 병원균은 상처를 통해 침입하여 전염되며, 여름이나 가을에 강한 바람이나 태풍의 피해를 받은 다음 많이 발생된다. 잎에 원형 반점이 나타나며 확대되면서 부정형이 되고 갈색에서 회갈색으로 변한다.

❷ 생태 및 병징과 표징

병반 중에 분생자층의 소립점이 나타난다.

❸ 병원균

Pestalotiopsis funerea, Pestalotiopsis eugeniae 이 있다. 분생포자는 5세포의 방추형이고 크기는 20~25×6~7㎛이며 부속사는 3개이다.

❹ 방제법

- 약제 _ 만코제브 수화제(다이센엠-45, 만코지),
  티오파네이트메틸 수화제(톱신엠, 지오판)
- 시기 _ 7월~8월경
- 방법 _ 약종별로 500~1,000배 희석액을 수회 살포

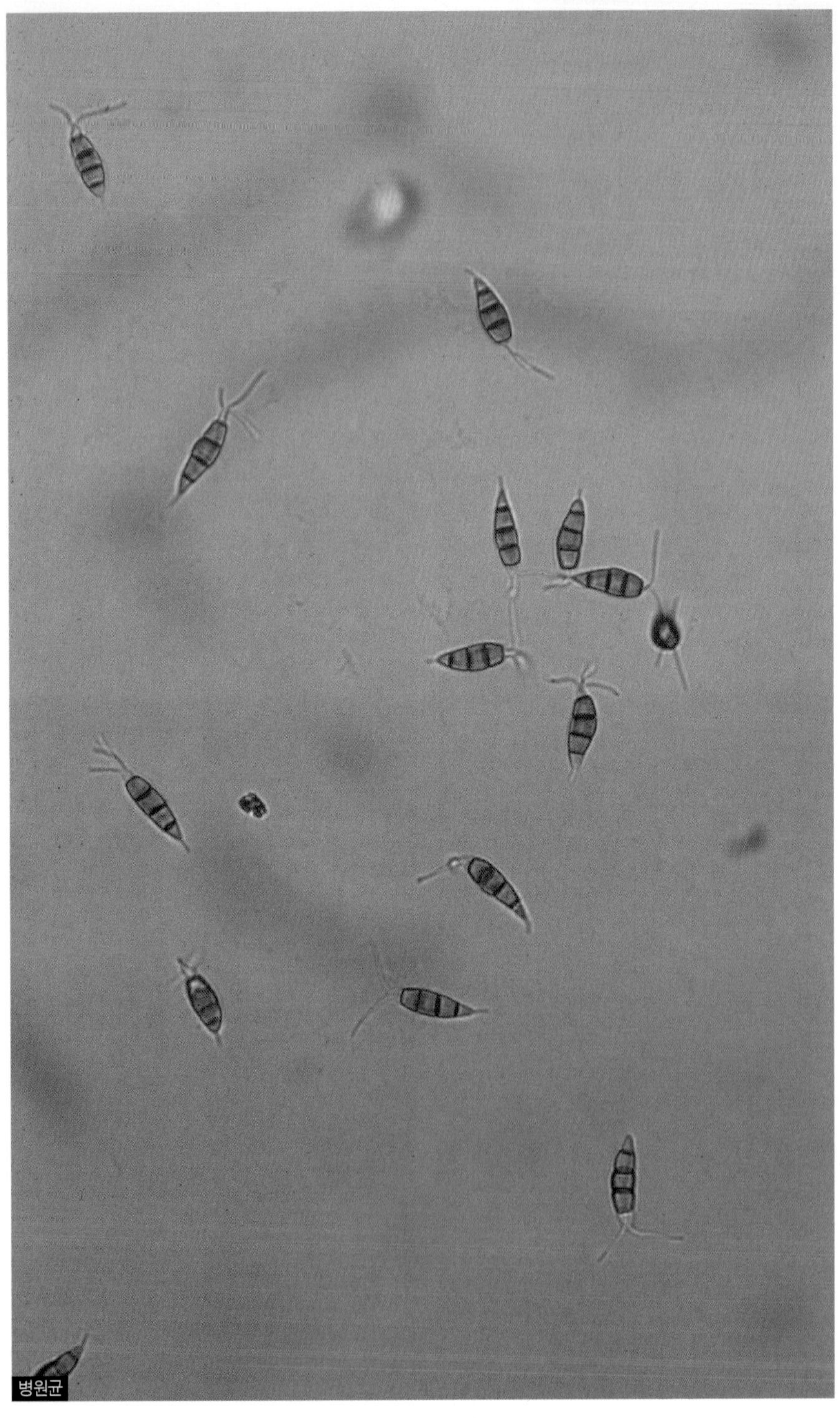
병원균

느티나무흰별무늬병(백성병)

학명 _ *Septoria abeliceae* Hirayama

느티나무흰별무늬병 피해를 입은 나무

❶ 피해 상태

피해 잎은 낙엽되기도 하지만 일반적으로 잎에 그대로 붙어 있다.

❷ 생태 및 병징과 표징

잎면에 다수의 작은 반점이 생기며 색은 농갈색으로 피해가 진전됨에 따라 3~5㎜까지 확대된다. 병반 중앙이 회백색이어서 백성병이란 학명이 칭해졌다. 병반에 소립점(병자각)이 나타난다.

❸ 병원균

병자각은 잎의 양면 병반 위에 나타나고 구형으로 높이 84~120㎛, 직경 72~120㎛ 정도이다. 병자포자는 약간 구부러져 있으며 세사형이고 양쪽이 뾰족하며, 2~3개의 격막이 있고, 크기는 28~40㎛ × 1.5~2.4㎛이다.

❹ 방제법

- 약제 _ 보르도액,
  동 수화제(옥시동, 신기동, 포리동)
- 시기 _ 5~9월
- 방법 _ 약종별로 500~1,000배 희석액을 월 2회 살포

느티나무흰별무늬병 병징

느티나무흰별무늬병 병징 확대

병반에 나타난 표징(병자각)

병자각에서 나온 포자

포자 확대

느티나무갈반병(백반점병, 백성병, 백반병)

학명 _ *Pseudocercospora zelkowae* (Hori) Liu et Guo

느티나무갈반병 피해를 입은 나무

❶ 피해 상태

느티나무흰별무늬병과 피해 상태가 비슷하고 팽나무, 푸조나무에도 전염된다.

❷ 생태 및 병징과 표징

피해 초기에는 수관 하부에서 발생되어 상부로 진전되는 특성이 있다. 잎에 갈색 원형 또는 부정형의 작은 병반이 산재되며 피해가 진전됨에 따라 병반이 합쳐져 부정형의 대형 병반이 생긴다. 병반 주위는 황록색으로 변하고 건전부와 경계가 뚜렷하지 않다. 피해 잎은 안쪽으로 말리면서 조기 낙엽된다. 병반에 암회녹색의 검은 균체(분생자퇴)가 생긴다.

❸ 병원균

분생포자는 무색으로 길고 약간 구부러져 있으며, 2~5개의 격막이 있고 크기는 30~60㎛ × 2~4㎛이다. 1개의 분생자경에 1개의 분생포자를 착상시킨다.

❹ 방제법

- 약제 _ 보르도액, 동 수화제(옥시동, 신기동, 포리동)
- 시기 _ 봄에 잎이 피기 시작할 때
- 방법 _ 약종별로 500~1,000배 희석액을 수회 살포

느티나무갈반병 피해를 입은 잎

잎 뒷면의 분생자퇴(홍색)

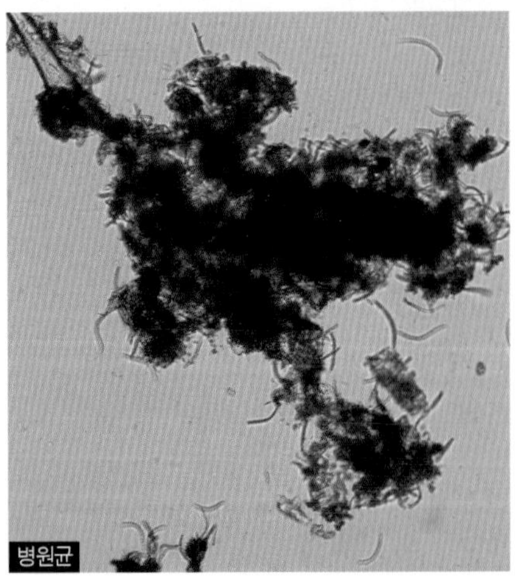
병원균

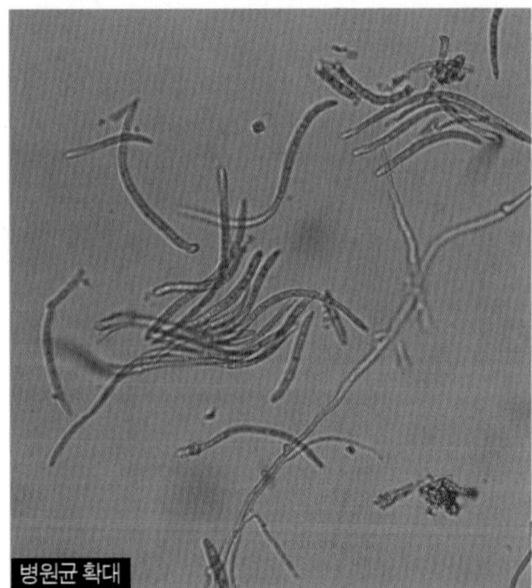
병원균 확대

느티나무발사줄기마름병(부란병)

학명 _ *Valsa Kitajimana* Kobayashi

느티나무발사줄기마름병으로 건물 앞에서 고사된 모양

❶ 피해 상태

가로수, 정원수의 수간, 줄기에 나타나며 방치하면 수목이 고사한다.

❷ 생태 및 병징과 표징

줄기나 가지에 동해, 열해, 해충의 피해를 받으면 병이 유발되며, 붉은 반점이 나타나고 점차 확대된다. 병환부에 소립점(병자각)이 나타나며 과습하거나 비가 오면 황색의 포자각이 나타난다.

❸ 병원균

자낭포자는 소시지형이고 무색 단포이며 크기는 3.5~6.5×1~1.2㎛이다. 분생포자는 병자각 자좌에서 황색의 포자각이 나타난다.

❹ 방제법

동해, 열해, 해충의 피해가 없도록 하고 붉은 반점이 나타나면 즉시 병환부를 도려내고 알코올로 소독 후 도포제를 처리한다.

느티나무발사줄기마름병으로 고사된 가로수

고사된 나무 줄기에 나타난 병징

병환부에 나타난 병자각

분출된 포자각

병원균

느티나무넥트리아줄기마름병(붉은암종병)

학명 _ *Nectria cinnabarina* (Tode : Fries) Fries

느티나무넥트리아줄기마름병으로 건물 앞에서 고사된 모양

❶ 피해 상태

7~10년생 수목에 많이 나타나며 수세 쇠약, 열해, 동해 등에 의하여 전염된다.

❷ 생태 및 병징과 표징

줄기에 붉은 반점이 나타나 확대되며 병환부에 붉은 점질의 포자퇴가 나타난다.

❸ 병원균

분생포자는 무색 단포이며 타원형 또는 단간형이다. 자낭포자는 중앙에 선이 있는 2세포이며 타원형~난형이다.

❹ 방제법

느티나무발사줄기마름병 참조

줄기에 나타난 병징

병환부에 나타난 분생자퇴(홍색)

병환부에 나타난 분생자퇴(회백색)

병원균

병원균 확대

모과나무적성병

학명 _ *Gymnosporangium asiaticum* Miyabe et Yamada

모과나무적성병 피해를 입은 나무

❶ 피해 상태

피해는 잎과 엽병, 가지에 전염되어 잎이 지저분해지고 잎에 담갈색의 털이 나오며 조기 낙엽된다.

❷ 생태 및 병징과 표징

향나무와 기주 교대를 한다.

❸ 병원균

향나무녹병 참조

❹ 방제법

- 약제 _ 트리아디메폰 수화제(바리톤, 티디폰), 디니코나졸 액상수화제(빈나리)
- 시기 _ 4월 중순~5월 중순
- 방법 _ 약종별로 500~2,000배 희석액을 7~10일 간격으로 3회 살포, 향나무에는 7~8월 상기 약제 살포

모과나무적성병 피해를 입은 가지

모과나무적성병 피해를 입은 잎

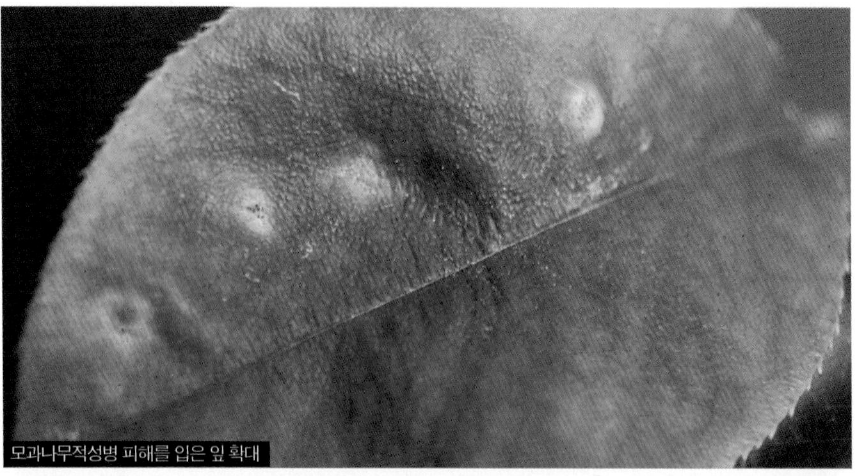
모과나무적성병 피해를 입은 잎 확대

잎 뒷면에 나타난 녹포자기

잎 뒷면에 나타난 녹포자기 확대

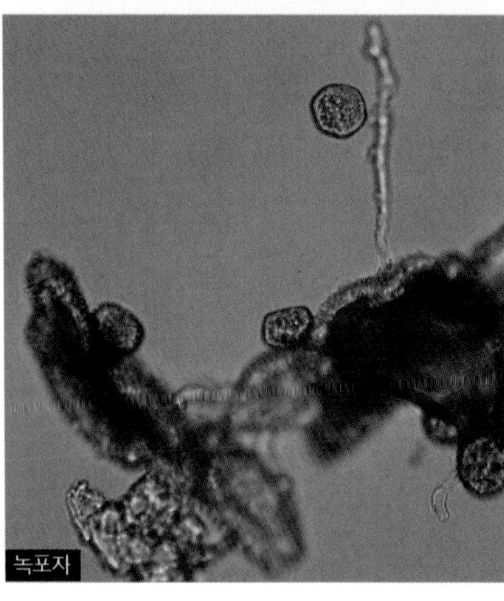
녹포자

모과나무갈반병

학명 _ *Pestalotia malicola* Hori

모과나무갈반병 피해를 입은 나무

❶ 피해 상태

흑갈색의 원형에 가까운 부정형 병반이 발생한다.

❷ 생태 및 병징과 표징

병징은 6~7월경에 흑갈색 또는 원형에 가까운 부정형 병반이 생기며 병환부에 흑색 소립점(분생자층)이 생긴다. 병환부와 건전부와의 사이에 흑색 선이 분명하여 피해 경계가 뚜렷하며 조기 낙엽된다.

❸ 병원균

분생포자는 방추형으로 5포로 되어 있으며 크기는 20~30×10~14㎛이다.

❹ 방제법

- 약제 _ 티오파네이트메틸 수화제(톱신엠, 지오판), 베노밀 수화제(벤레이트, 다코스)
- 시기 _ 5~7월
- 방법 _ 약종별로 1,000~2,000배 희석액을 2~3회 살포, 수세 회복 및 비배 관리에 유의

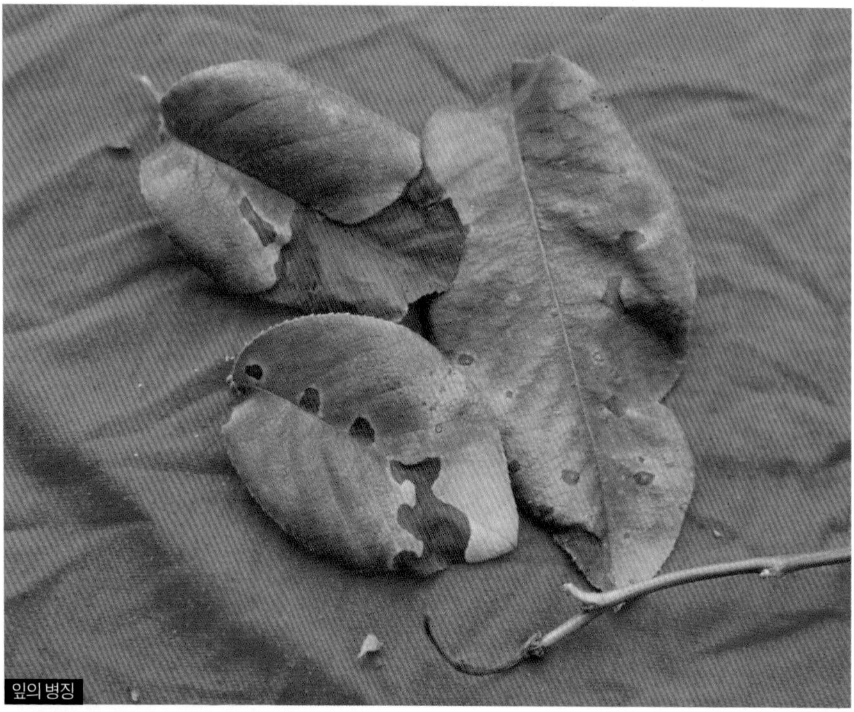

잎의 병징

병환부에 나타나는 소립점(분생자포)

모과나무회색곰팡이낙엽병(반점병)

학명 _ *Cercosporella* sp.

모과나무회색곰팡이낙엽병(반점병) 피해를 입은 나무

❶ 피해 상태

8월 중 · 하순경에 낙엽되기 시작하여 9월 초순경에는 거의 낙엽, 가지만 앙상하게 남는다.

❷ 생태 및 병징과 표징

병반 뒷면과 표면에 흰색의 미세한 포자괴가 다수 형성되나 주로 잎 뒷면에 많이 나타난다.

❸ 병원균

분생포자는 무색이며 1~9개의 격막을 가지고 크기는 8.5~70×1.5~2.5㎛이다.

❹ 방제법

- 약제 _ 만코제브 수화제(다이센엠-45, 만코지)
- 시기 _ 6월 중 · 하순
- 방법 _ 500배 희석액을 7~10일 간격으로 수회 살포, 1차 전염 원인인 병든 잎 채집 소각

모과나무회색곰팡이낙엽병(반점병) 피해를 입은 잎

잎의 병징

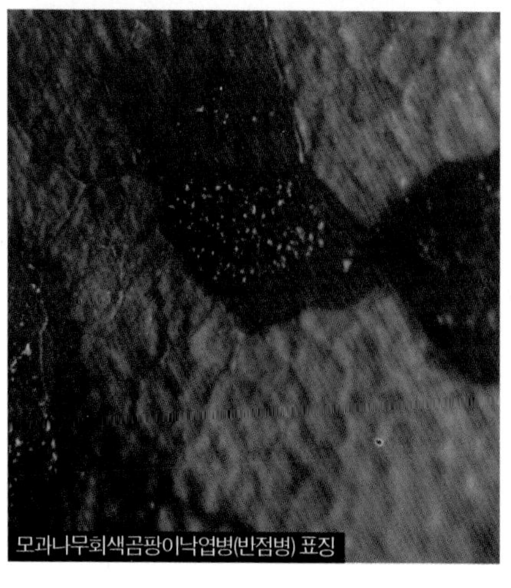
모과나무회색곰팡이낙엽병(반점병) 표징

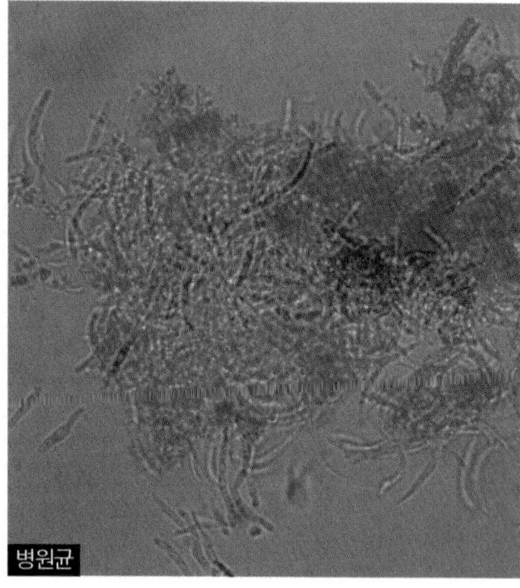
병원균

모과나무탄저병

학명 _ *Glomerella cingulata* (Stoneman) Spaulding et Schrenk
Colletotrichum gloeosporioides Penz.(무성세대)

모과나무탄저병에 감염된 과일

❶ 피해 상태

강우가 많거나 과습한 지역에 피해가 많다.

❷ 생태 및 병징과 표징

병징은 과일 표면에 담갈색의 원형 반점이 생기며 지름이 3㎜ 가량 되면 습성을 띠고 병환부가 움푹 들어가는 것이 특징이다. 병반이 진전되어 1㎝ 이상이 되면 병반 위에 동심윤문이 나타난다.

❸ 병원균

분생포자는 무색 단포이고 타원형 또는 원통형으로 크기는 10×3.5~8㎛이다.

❹ 방제법

- 약제 _ 클로로탈로닐 수화제(다코닐, 금비라, 새나리)
- 시기 _ 6월 하순
- 방법 _ 1,000배 희석액을 살포

병환부에 나타난 포자층

장미흑성병(검은무늬병)

학명 _ *Diplocarpon rosae* Wlof
Marssonina rosae Died.(무성세대)

장미흑성병 피해를 입은 나무

❶ 피해 상태

장미에 주로 많이 발생되는 병해로 우리나라 전지역에 발생되며 줄장미에 피해가 많다.

❷ 생태및 병징과 표징

피해 초기의 잎은 흑갈색 또는 암갈색의 원형 반점이 생기며, 건전부와 경계가 뚜렷해진다. 병이 진전되면 병반 주위가 불명확하게 되면서 황색으로 되고 흑갈색 병반도 뚜렷해진다. 병반 뒤쪽에는 흰 점물질의 포자 덩어리가 나타난다.

❸ 병원균

분생포자는 무색이며 기부에 1개의 격막이 있다. 크기는 10~20 × 5㎛ 이다.

❹ 방제법

- 약제 _ 클로로탈로닐 수화제(다코닐, 금비라,새나리),
  헥사코나졸 액상수화제(라피드, 헥사코나졸),
  만코제브 수화제(다이센엠-45, 만코지)
- 시기 _ 5월
- 방법 _ 약종별로 450~2,000배 희석액을 2~3회 살포

흑성병 병징

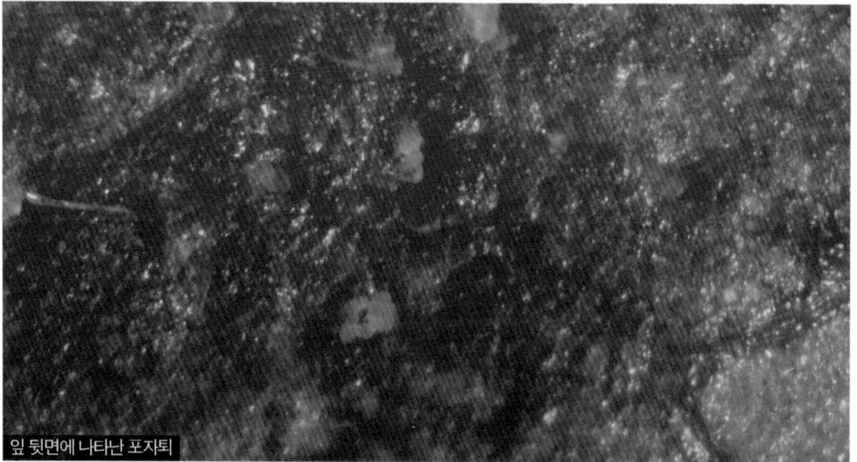
잎 뒷면에 나타난 포자퇴

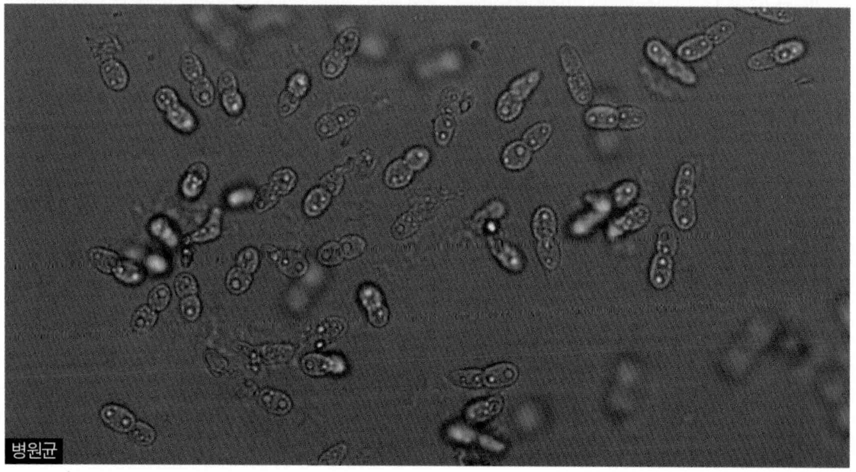
병원균

장미흰가루병

학명 _ *Sphaerotheca pannosa* Léveillé
Oidium sp.

장미흰가루병의 병징

❶ 피해 상황

잎이 흰색 가루로 덮힌 듯하며 잎이 말린다.

❷ 생태및 병징과 표징

신엽, 신초, 엽병에 발생되며 잎에 흰색 분말상의 병반이 생긴다. 차츰 확대되어 잎 전체가 흰색 분말로 덮여 잎이 말리거나 기형이 된다.

❸ 병원균

분생포자는 무색 단포이며 난형 또는 타원형이다. 크기는 25~33 × 14~19㎛ 이다.

❹ 방제법

- 약제 _ 티오파네이트메틸 수화제(톱신엠, 지오판)
- 시기 _ 발생 초기
- 방법 _ 1,000배 희석액을 7~10일 간격으로 2~3회 살포

사철나무흰가루병

학명 _ *Oidium euonymi-japonicae* (Arc.) Saccardo(무성세대)
Microsphaera euonymi-japonici Viennot-Bourgin

사철나무 흰가루병 피해를 입은 나무

❶ 피해 상황

초기에는 잎에 흰색 가루가 원형으로 나타난다.

❷ 생태 및 병징과 표징

잎에 흰색 가루가 원형으로 나타났다가 부정형으로 확대되고 잎 전체에 흰 가루가 묻은 것 같은 병징이 나타난다.

❸ 병원균

분생포자는 무색 단포이며 장타원형이고, 크기는 21.6~38×13.2~15.6㎛이다.

❹ 방제법

- 약제 _ 티오파네이트메틸 수화제(톱신엠, 지오판)
- 시기 _ 피해 초기
- 방법 _ 1,000배 희석액을 2~3회 살포, 석회유황합제 100~200배 희석액을 살포

사철나무흰가루병에 감염된 잎

사철나무탄저병

학명 _ *Gloeosporium euonymicola* Hemmi

사철나무탄저병 피해를 입은 나무

❶ 피해 상태

잎에 크고 작은 반점이 불규칙하게 나타나고 점차 확대되어 중앙이 회백색으로 변한다. 피해가 심하면 조기 낙엽된다. 병반 위에 소립점(분생자층)이 나타나며 습하면 담황색의 점물질(포자층 덩어리)이 나온다.

❷ 생태 및 병징과 표징

피해 잎에서 분생자퇴 상태로 월동하고 다음 해 분생포자가 전염원이 된다.

❸ 병원균

포자는 공기 전염을 하고 분생포자는 무색 타원형이고 크기는 12~20×6~8㎛이다.

❹ 방제법

- 약제 _ 만코제브 수화제(다이센엠-45, 만코지), 동 수화제(옥시동, 신기동, 포리동)
- 시기 _ 발병 초기
- 방법 _ 약종별로 500~1,000배 희석액을 2~3회 살포

사철나무탄저병 병징

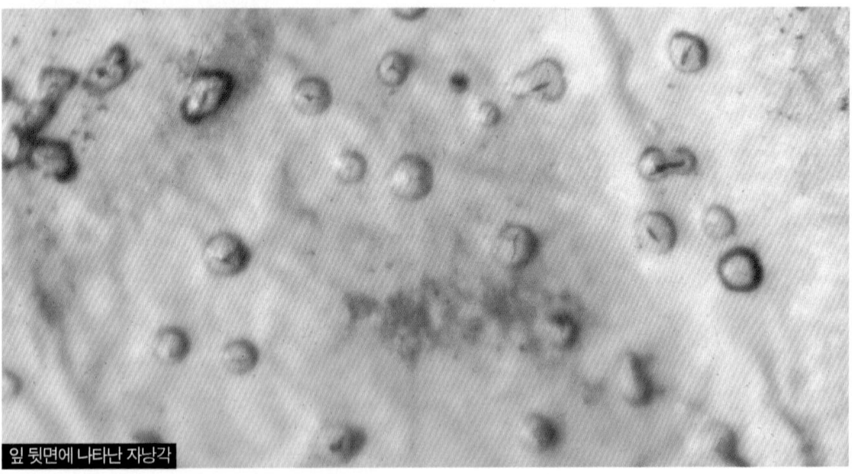
잎 뒷면에 나타난 자낭각

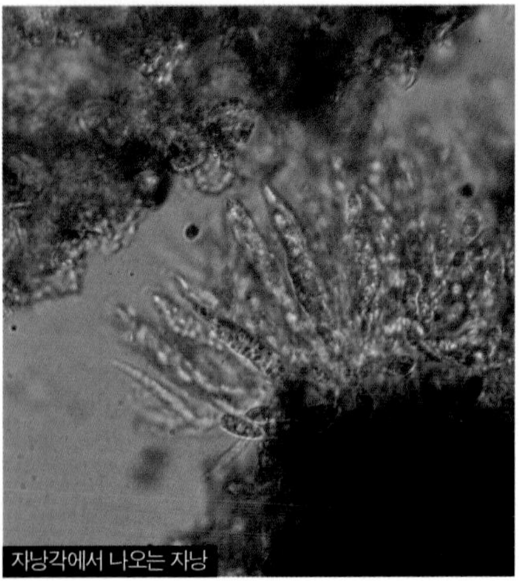
자낭각에서 나오는 자낭

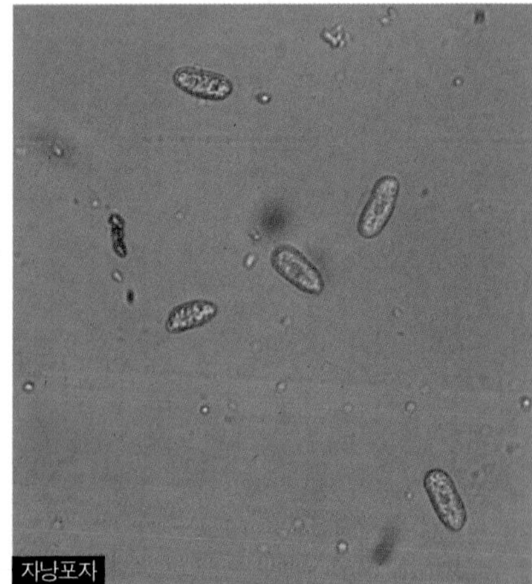
자낭포자

사철나무창가병(더댕이병, 천공병)

학명 _ *Sphaceloma euonymi japonici* Kurosawa et Katsuki

사철나무창가병 피해를 입은 잎

❶ 피해 상태

건전부와의 윤곽이 선명하고 건전부와의 경계는 적갈색이고 병반이 탈락하여 구멍이 생기며 피해가 심하면 낙엽된다. 신초는 부스럼처럼 지저분하고 생장이 불량하다.

❷ 생태 및 병징과 표징

자좌상의 자낭각은 원형, 타원형이고 하나의 자낭각 안에는 여러 개의 자낭이 있다.

❸ 병원균

분생포자는 방추형으로 담갈색의 단세포이다. 1~2개의 격막이 있는 것도 있으며, 크기는 8~9×3~5㎛이다.

❹ 방제법

- 약제 _ 만코제브 수화제(다이센엠-45, 만코지), 동 수화제(옥시동, 신기동, 포리동)
- 시기 _ 9월
- 방법 _ 약종별로 500~1,000배 희석액을 수회 살포, 병든 낙엽과 병든 가지를 채집하여 소각

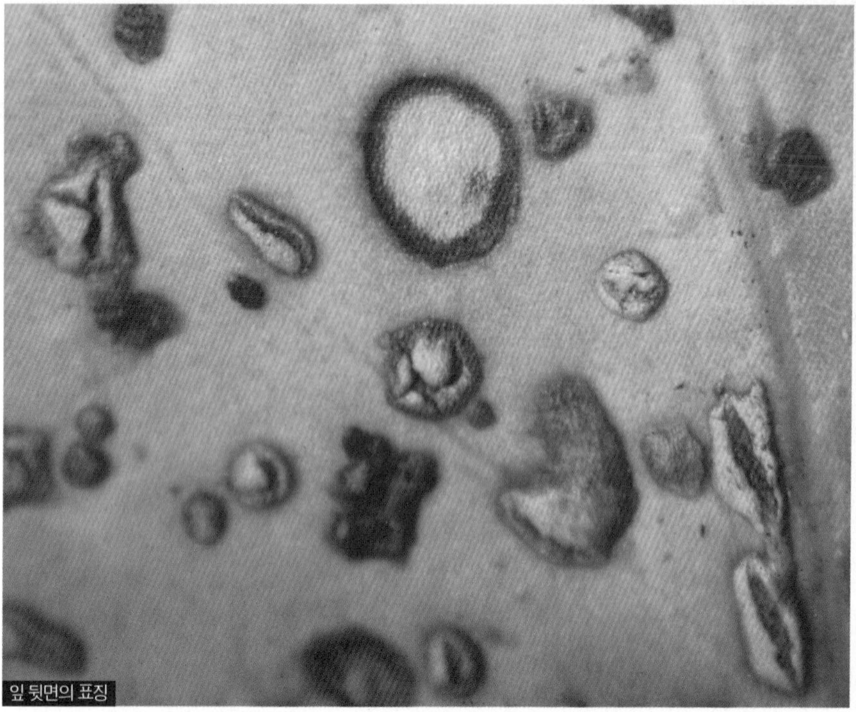

잎 뒷면의 표징

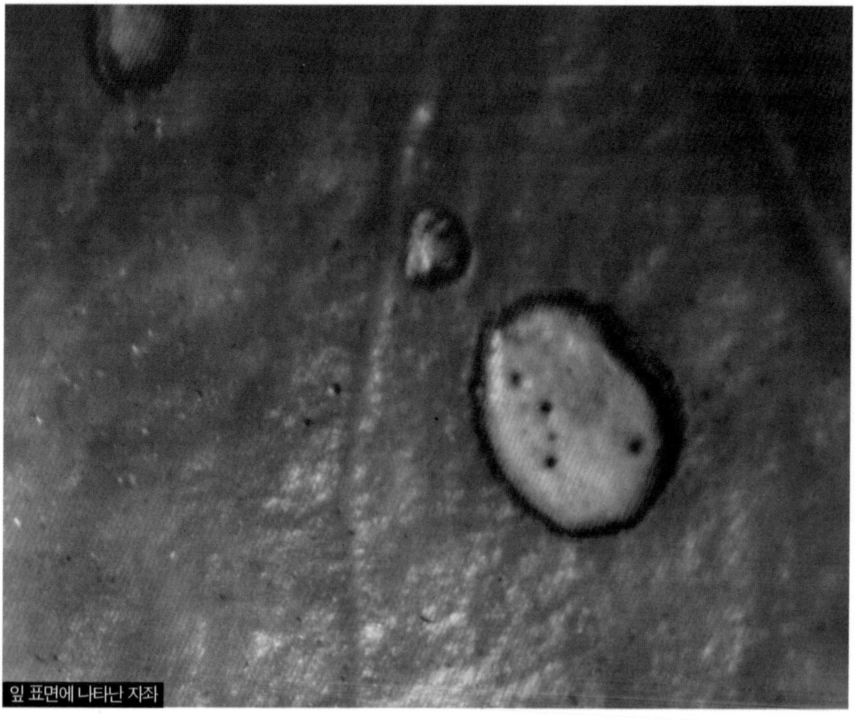

잎 표면에 나타난 자좌

사철나무갈문병

학명 _ *Macrophoma euonymi-japonici* Nisikado

사철나무갈문병 피해를 입은 나무

❶ 피해 상태

봄과 초여름에 발생하며, 잎 뒷면에 윤곽이 불분명한 담갈색 소반점이 나타나고 표면은 황색 부정형의 병반이 나타난다. 병이 진전되면서 잎 뒷면에 갈색 반점이 생긴다. 건전부와 경계가 명확하지 않다.

❷ 생태 및 병징과 표징

병반에는 윤문상으로 나타나고 피해가 진전되면서 병반 내부는 회색을 띤다. 병반에 흑색 소립점(병자각)이 밀생한다.

❸ 병원균

병자각은 구형 내지 편구형으로 크기는 115~165×135~187㎛이며, 병자포자의 탈출공이 돌출한다. 병자포자는 장타원 내지 단원추형으로 무색의 평편한 단포이며 크기는 15~27×5~10㎛이다.

❹ 방제법

- 약제 _ 만코제브 수화제(다이센엠-45, 만코지),
  동 수화제(옥시동, 신기동, 포리동)
- 시기 _ 4~5월
- 방법 _ 약종별로 500~1,000배 희석액을 수회 살포

사철나무갈문병 병징

배롱나무흰가루병

학명 _ *Uncinuliella australiana* McAlpine
Uncinula australiana McAlpine

배롱나무흰가루병 피해를 입은 잎

❶ 피해 상태

신엽, 엽병, 화병 잎에 전염되어 생장이 중지되고 꽃이 지저분하고 짧고 작게 핀다.

❷ 생태 및 병징과 표징

5월~6월경 잎 양면에 피해가 나타나며 흰 가루는 균사와 분생포자이다.

❸ 병원균

분생자는 무색의 타원형으로 크기는 24~34.5×15~19㎛이다. 자낭포자는 자낭 안에 8개 존재하며 무색의 타원형이다. 크기는 13~20×10~16㎛이다.

❹ 방제법

- 약제 _ 티오파네이트메틸 수화제(톱신엠, 지오판)
- 시기 _ 5월 하순~6월
- 방법 _ 1,000배 희석액을 2~3회 살포

배롱나무흰가루병 피해를 입은 꽃봉오리

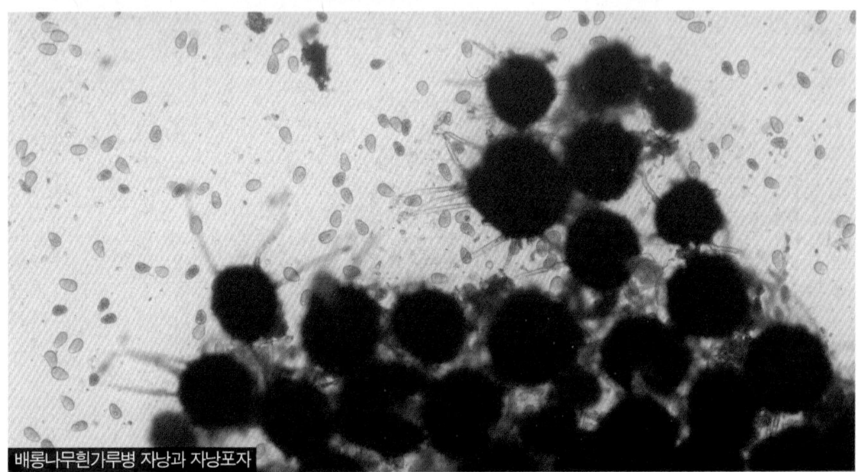
배롱나무흰가루병 자낭과 자낭포자

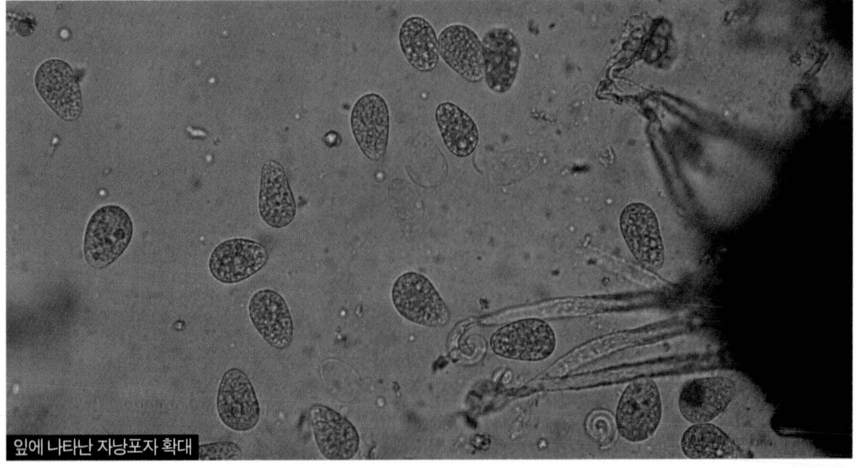
잎에 나타난 자낭포자 확대

배롱나무갈반병

학명 _ *Pseudocercospora lythracearum* (Heald et Wolf) Liu et Guo

배롱나무갈반병 피해를 입은 나무

❶ 피해 상태

여름에 잎이 낙엽지듯 떨어져 피해가 크다.

❷ 생태 및 병징과 표징

진딧물 피해, 주머니깍지벌레, 흰가루병과 같이 발생되며, 병징은 잎에 암갈색의 작은 반점이 나타나며 서서히 확대되어 갈색 또는 회갈색의 원형 또는 부정형으로 된다. 병반 주변은 암갈색 선이 나타나나 건전부와 병환부의 경계가 불명확하다. 잎 양면에 회녹색 또는 암녹색의 분생자 덩어리가 나타나며 분생자는 그을음상의 곰팡이다.

❸ 병원균

자좌의 크기는 20~50㎛로 흑갈색의 구형이다. 분생포자는 미색을 띤 곤봉상이고 약간 구부러져 있으며 3~7개의 격막이 있다. 크기는 20~68×2~4㎛이다.

❹ 방제법

- 약제 _ 만코제브 수화제(다이센엠-45, 만코지), 베노밀 수화제(벤레이트, 다코스)
- 시기 _ 5월 하순~7월 초순
- 방법 _ 약종별로 500~2,000배 희석액을 월 2회 살포

배롱나무갈반병 병징

배롱나무갈반병 병징 확대

배롱나무환문엽고병 피해 가지

❶ 피해 상태

잎에 회색의 원형 반점이 생기며 병반은 동심윤문상의 무늬가 나타난다. 병반 이면에는 피라미드형의 균체(분생자)가 다수 생긴다.

❷ 생태 및 병징과 표징

잎 뒷면에 흰색 균사가 모여 오물 같은 형태가 나타나고 낙엽 시기가 되면 복숭아 모양의 1~3㎜ 균핵이 생긴다. 월동 후 자낭반이 형성되며 자낭포자로 1차 전염된다.

❸ 병원균

병반 뒷면에 흰색의 미세한 피라미드형 균체(분생자)가 생기며 낙엽된 병엽 위에는 흑색 구형의 1~3㎜ 균핵이 생긴다.

❹ 방제법

- 약제 _ 동 수화제(옥시동, 신기동, 포리동)
- 시기 _ 6~9월
- 방법 _ 약종별로 500~1,000배 희석액을 2~3회 살포

배롱나무환문엽고병 피해 잎

서부해당화녹병

학명 _ *Gymnosporangium asiaticum* Miyabe et Yamada
Gymnosporangium haraeanum Sydow

서부해당화적성병 피해를 입은 나무

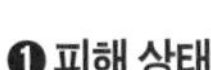

❶ 피해 상태

잎에 붉은색 반점이 나타나고 피해가 진전됨에 따라 잎이 지저분하고 조기 낙엽되어 조경수로서의 가치를 상실하게 된다.

❷ 생태 및 병징과 표징

모과나무적성병 참조

❸ 병원균

향나무녹병 참조

❹ 방제법

모과나무적성병 참조

피해를 입은 가지(꽃사과)

잎 뒷면에 나타난 병징(꽃사과)

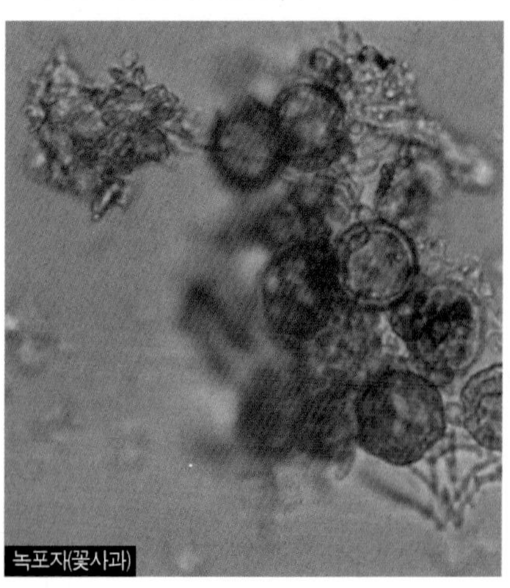
녹포자(꽃사과)

피해를 입은 잎(아그배나무)

산당화줄기마름병(부란병)

학명 _ *Valsa ceratosperma* Maire

산당화줄기마름병(부란병) 피해를 입은 가지

❶ 피해 상태

주로 줄기나 가지에 발견되며 가지가 고사되거나 굵은 줄기에 심한 상처를 주고 치료하지 않으면 환상으로 피해가 확대되어 나무가 고사한다.

❷ 생태 및 병징과 표징

줄기나 나뭇가지의 수피가 갈색 또는 암갈색으로 변하며 모양은 부정형으로 초기에는 약간 융기되지만, 병이 진행되면서 함몰된다. 피해 부위의 수피는 쉽게 벗겨지며 알코올의 방향(芳香)이 있다.

❸ 병원균

분생포자는 소시지형의 무색 단포이며 크기는 4~5×0.8~1㎛이다. 자낭포자는 소시지형의 무색 단포이며 크기는 7~8×1.5~2㎛이다.

❹ 방제법

예방적 조치로 전지할 경우 상처가 가급적 없도록 유의하고 피해가 심한 지역은 도포제나 바셀린을 도포한다(외과수술), 석회유황합제 20배액을 살포함

산당화줄기마름병(부란병) 표징

꽃사과

꽃사과균핵병

학명 _ *Sclerotinia* sp.

꽃사과균핵병 피해를 입은 나무

❶ 피해 상태

어린 가지 잎에 주로 발생한다. 초기에는 녹자색의 반점이 생기고 병반이 확대되면서 담회색, 갈색이 된다.

❷ 생태 및 병징과 표징

다습하며 병든 가지나 잎에 2~3㎜의 균핵이 발생하며 흰색의 균사가 생긴다.

❸ 병원균

자낭포자는 무색이며 난형~타원형으로 9~15.1 × 5~7㎛ 정도의 크기이다.

❹ 방제법

벚나무균핵병 참조

꽃사과균핵병 피해를 입은 신초

회양목반점병

학명 *Phyllosticta* sp.

회양목반점병 피해를 입은 나무

❶ 피해 상태

피해 잎은 조기 낙엽되거나 일부는 가지에 붙어 있다. 피해가 심하면 조경수로서의 가치가 상실된다.

❷ 생태 및 병징과 표징

병이 진전됨에 따라 반점이 확대되어 1~3㎜ 정도 된다. 병반은 원형이며 타원도 있다. 피해 잎은 암자색이지만 병반은 중앙부가 회백색이다. 병이 확대되면서 병반과 조직의 경계가 뚜렷해진다. 병이 진전됨에 따라 잎이 적갈색으로 되어 낙엽된다.

❸ 병원균

병자포자는 무색의 단포이며 크기는 10~12×2.5~3.5㎛이다.

❹ 방제법

- 약제 _ 동 수화제(옥시동, 신기동, 포리동),
  만코제브 수화제(다이센엠-45, 만코지)
- 시기 _ 5~6월
- 방법 _ 약종별로 500~1,000배 희석액을 수회 살포

잎의 병반

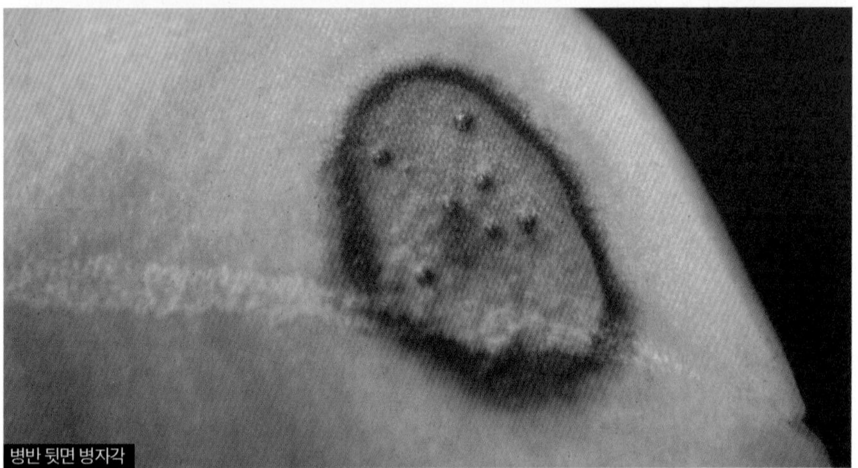
병반 뒷면 병자각

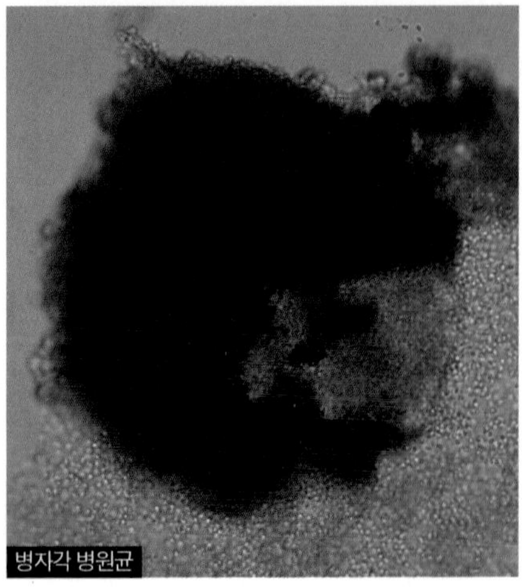
병자각 병원균

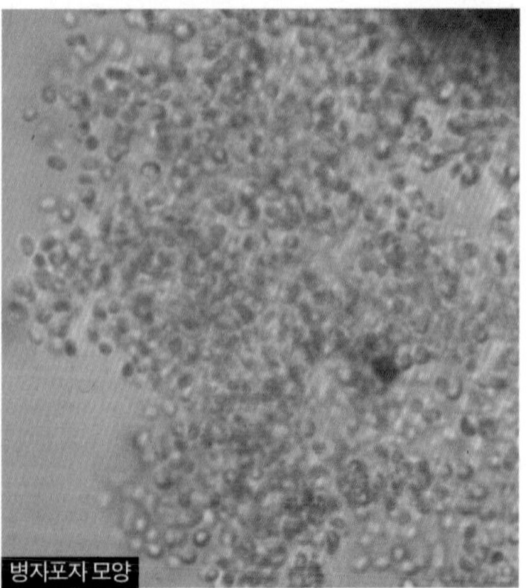
병자포자 모양

회양목엽고병

학명 _ *Macrophoma candollei* (Berkeley et Broome) Berlese et Voglino

회양목엽고병 피해를 입은 나무

❶ 피해 상태

피해 잎은 전체가 마르면서 일찍 떨어져 수관의 일부가 손실되기 때문에 조경수목으로서의 가치가 상실된다.

❷ 생태 및 병징과 표징

잎 뒷면에 작은 회갈색 반점이 생기며 병이 진전됨에 따라 주맥을 경계로 하여 병이 확대된다. 간혹 주맥을 포함하여 병반이 형성되는데, 병반과 건전 부위의 구별이 뚜렷하고 병반 내에 소립점(병자각)이 나타난다.

❸ 병원균

병자각은 농갈색 내지 흑색으로 반구형, 평구형이며 120~510㎛이다. 분생자병은 원통형이고 기부는 담갈색, 정상부는 무색이다. 병자포자는 원통형으로 무색의 단포이며 양끝은 둥글고 크기는 10~21×5~7.2㎛이다.

❹ 방제법

- 약제 _ 동 수화제(옥시동, 신기동, 포리동)
- 시기 _ 4~5월
- 방법 _ 약종별로 500~1,000배 희석액을 수회 살포

회양목엽고병 피해를 입은 가지

잎 뒷면 병자각

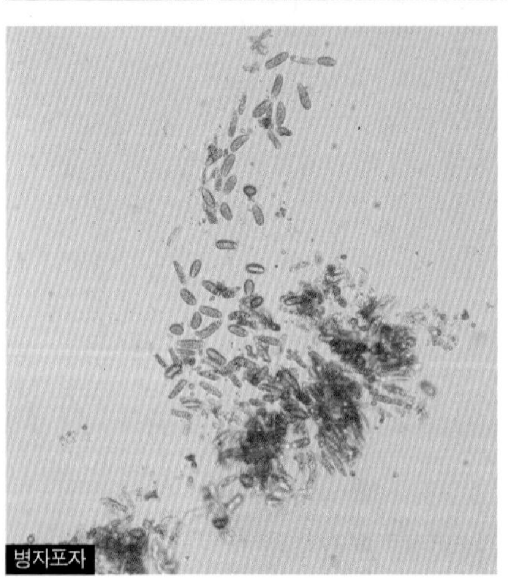
병자포자

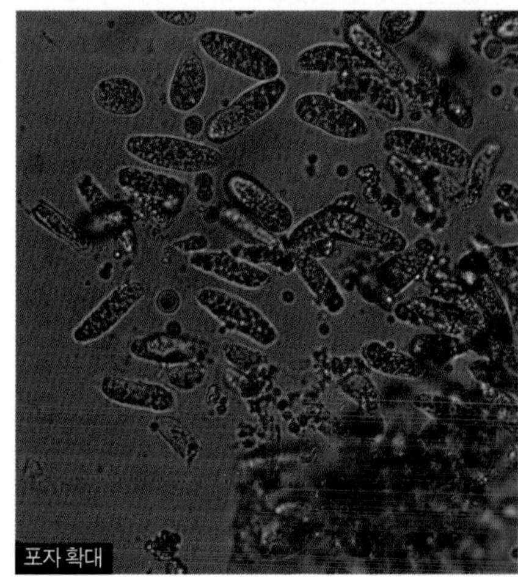
포자 확대

회양목페스탈로치아엽고병

학명 _ *Pestalotia* sp.

회양목페스탈로치아 엽고병 피해를 입은 가지

❶ 피해 상태

회양목 잎 끝부분에 발병되며 태풍이나 바람에 의한 잎의 상처로 침입한다.

❷ 생태 및 병징과 표징

잎 끝부분에 회색 반점이 나타나고 병반 위에 검은 포자퇴가 나타난다.

❸ 병원균

포자는 방추형이고 5포로 되어 있으며 부속사는 2~3개로 되어 있다.

❹ 방제법

- 약제 _ 보르도액,
  동 수화제(옥시동, 신기동, 포리동),
  만코제브 수화제(다이센엠-45, 만코지)
- 시기 _ 피해 발견 시
- 방법 _ 약종별로 500~1,000배 희석액을 수회 살포

회양목페스탈로치아엽고병 피해를 입은 잎

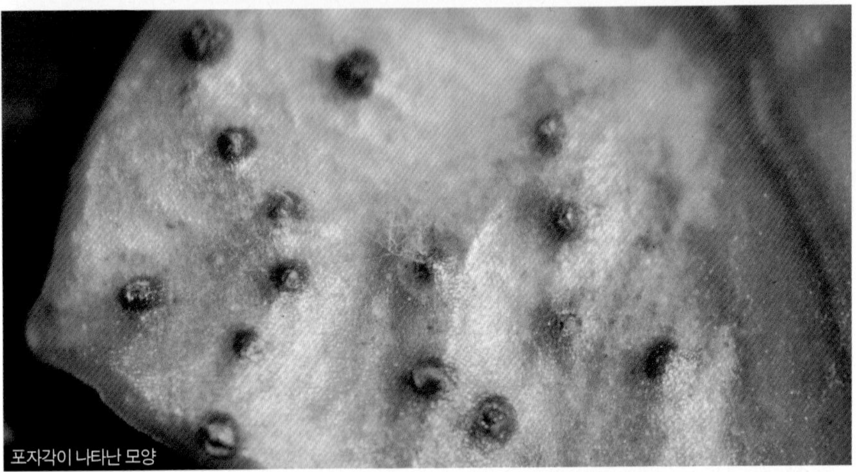
포자각이 나타난 모양

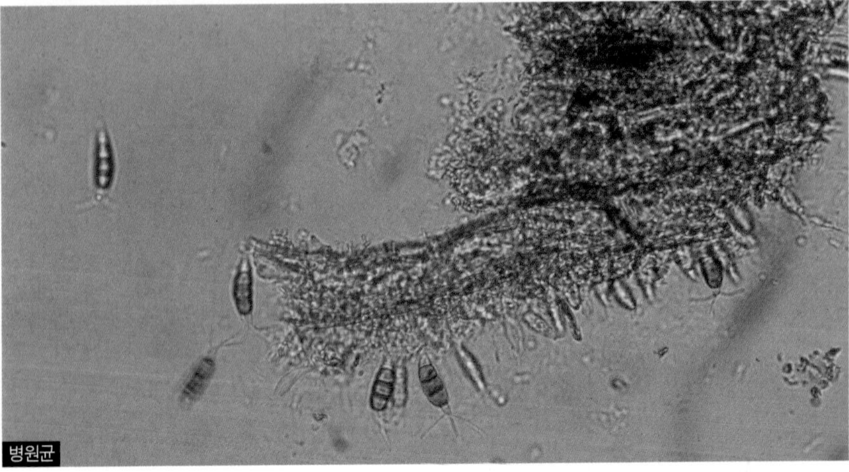
병원균

포플러잎녹병

학명 _ *Melampsora magnusiana* Wagner et Klebahn
Melampsora larici-populina Klebahn

포플러잎녹병

❶ 피해 상태

낙엽송과 기주 교대를 한다.

❷ 생태 및 병징과 표징

병원균이 잎에 침입하면 8월 중 · 하순경부터 낙엽이 시작되어 신초 상층부에만 잎이 몇 개 남고 모두 낙엽되는 현상이 나타난다. 잎 뒷면에 황색의 작은 소립점(하포자퇴)이 나타나며 황색 가루가 묻어 있는 것처럼 보인다.

❸ 병원균

여름포자는 잎 뒷면에 생기며 무색의 난형 내지 타원형으로 표면에 돌기가 있고 크기는 26~40×16~24㎛이다. 겨울포자는 원통형으로 크기는 15~45×5.8~14㎛이다. 수포자의 크기는 22~25×17~32㎛이다.

❹ 방제법

- 약제 _ 만코제브 수화제(다이센엠-45, 만코지)
- 시기 _ 6~7월
- 방법 _ 500배 희석액을 살포

포플러

포플러점무늬잎떨림병(낙엽병)

학명 _ *Drepanopeziza tremulae* Rimpau
Marssonina brunnea (Ellis et Everhart) Magnus(무성세대)

포플러점무늬잎떨림병 병징

❶ 피해 상태

6월 하순경 밑가지의 하엽부터 낙엽되기 시작, 점차 상층부로 올라가면서 낙엽된다. 8월 하순경이 되면 잎이 거의 떨어지고 상층부의 새로 나온 잎만 붙어 있다.

❷ 생태 및 병징과 표징

초기의 병징은 잎에 갈색 또는 농갈색의 작은 반점이 나타나고, 잎 전체가 작은 반점으로 꽉 차 있는 것도 있으며, 병반이 합쳐져 농갈색 또는 흑색의 부정형 반점으로 확대되기도 한다. 병반에는 분생자퇴가 생긴다.

❸ 병원균

자낭포자는 단포의 장타원형이며 크기는 8~9×2㎛이다. 무성세대 분생포자는 무색 2세포이며 타원형~긴 곤봉상이다. 약간 구부러져 있으며 크기는 14~18×5~7㎛이다.

❹ 방제법

- 약제 _ 만코제브 수화제(다이센엠-45, 만코지)
- 시기 _ 5월 하순
- 방법 _ 450~500배 희석액을 2주 간격으로 살포, 내병성 수종 식재

포플러류 줄기마름병(지고병)

학명 _ *Valsa sordida* Nitschke
Cytospora chrysosperma Pers : Fries.(무성세대)

피해를 입어 죽은 나무

❶ 피해 상태

어린 가지에는 약간 함몰된 갈색 병반이 나타나고 피해가 환상으로 확대되면 가지는 고사한다.

❷ 생태 및 병징과 표징

굵은 가지나 수간에서는 병든 부분에 약간 돌출한 소립점(병자각)이 형성되며 나무가 고사하게 된다. 습할 때에는 수염 모양의 황색 포자각이 나온다.

❸ 병원균

병자포자는 소시지형이고 약간 굽었으며 무색의 단포이고 크기는 2.5~5.4×1~1.5㎛이다. 자낭각은 수피 밑에 형성되며 자낭의 크기는 28~35×5~6㎛로 곤봉상 내지 긴 곤봉상이다. 자낭포자는 소시지형으로 양끝이 둥글며 무색의 단포로 크기는 3~6×1~1.5㎛이다.

❹ 방제법

동해, 상해, 건조, 볕데기와 인위적 상처가 없도록 주의하고 철저한 비배 관리로 수세를 강화시킨다. 상처가 생기면 빠른 시일 내에 치유되도록 도포제와 바셀린을 바르며, 가지치기에 유의해야 한다.

줄기에 나타난 표징

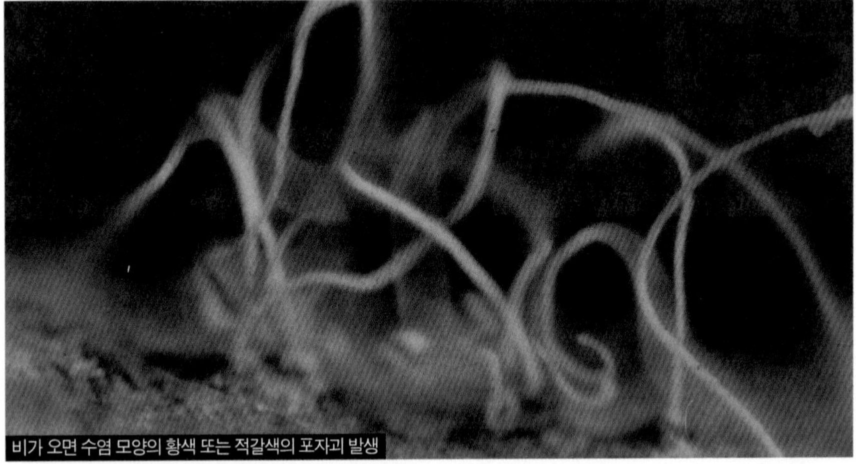
비가 오면 수염 모양의 황색 또는 적갈색의 포자괴 발생

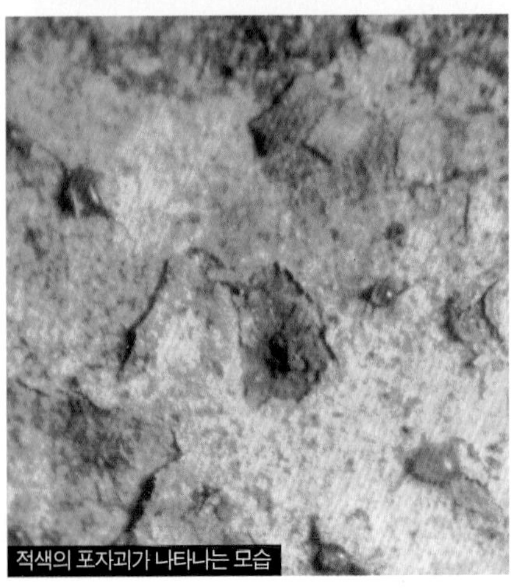
적색의 포자괴가 나타나는 모습

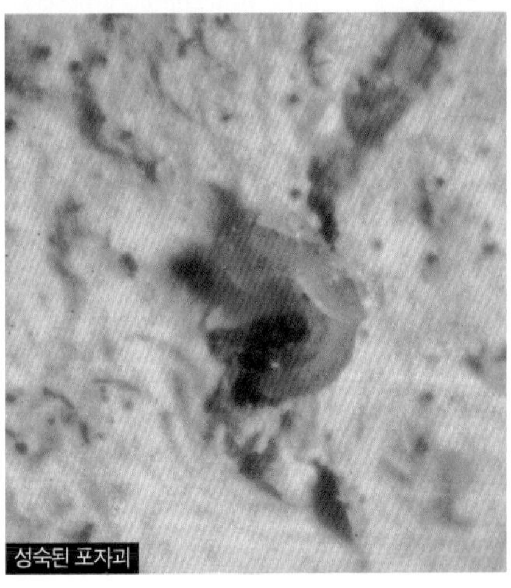
성숙된 포자괴

포플러류 잎마름병(엽고병)

학명 _ *Septotinia populiperda* Waterman et Cash

피해 잎

❶ 피해 상태

이른 봄 어린 잎에 갈색의 작은 반점이 나타나고 급속히 확대되어 중앙부는 회색으로 변하고 주변은 담갈색을 띠어 건전부와의 경계가 뚜렷하게 나타난다. 피해 잎은 동심원의 특징이 있다.

❷ 생태 및 병징과 표징

가을이 되면 2~5㎜의 흑색 균핵이 형성되어 월동한 다음 1차 전염원이 된다. 병반에는 흰색의 분생자퇴가 나온다.

❸ 병원균

자낭포자는 무색의 난형으로 크기는 10~13×4~5㎛이다. 분생자병은 무색이고 격막이 있으며 기부는 가늘고 선단부는 약간 넓고 크기는 20~40×6~9㎛이며 한쪽 끝이 가늘다. 소형 분생포자는 무색의 단포이고 직경이 1.5~2㎛이다.

❹ 방제법

- 약제 _ 만코제브 수화제(다이센엠-45, 만코지)
- 시기 _ 초봄부터
- 방법 _ 500배 희석액을 3~4회 살포, 병든 낙엽 및 고사된 가지 절단하여 소각

칠엽수얼룩무늬병

학명 _ *Guignardia aesculi*

피해 상태

❶ 피해 상태

줄기의 잎이 완전 낙엽되어 가지만 앙상하게 남는다.

❷ 생태와 병징 및 표징

잎 가장자리에 크고 작은 반점이 생기며 병반이 확대되면서 붉은 갈색으로 변하고 잎 가장자리가 황색이 되어 건전부와의 경계가 뚜렷하게 나타난다. 병이 진전됨에 따라 잎 중앙으로 황색 반점이 진전되고 잎이 말리며 건조해지고 잎이 갈라지면서 낙엽된다. 병반에는 소립점(병자각)이 나타난다.

❸ 병원균

자낭포자는 단세포로 타원형 내지 종양이 볼록하여 양 끝에 점질 물질이 붙어 있다. 무성세대는 무색 단세포로 넓은 타원형~난형이고 점질의 부속사가 있다.

❹ 방제법

- 약제 _ 만코제브 수화제(다이센엠-45, 만코지), 동 수화제(옥시동, 신기동, 포리동)
- 시기 _ 눈이 발아하기 시작할 때
- 방법 _ 약종별로 500~1,000배 희석액을 10일 간격으로 2~4회 살포, 토양의 입단구조를 개량해주고 수세를 건강하게 키운다.

낙엽된 병엽

칠엽수얼룩무늬병 피해를 입은 나무

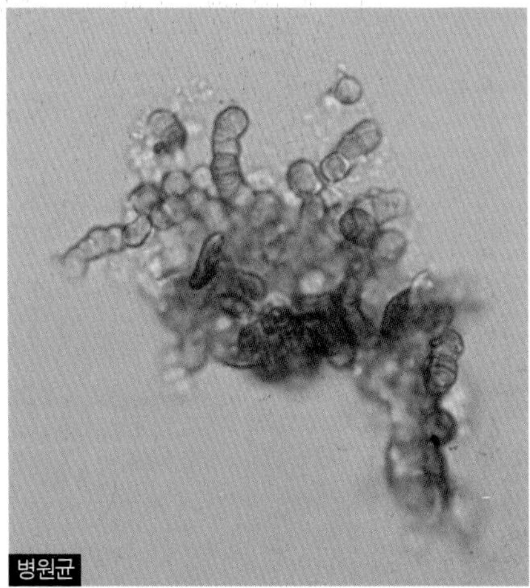
병원균

잎에 나타난 병징

칠엽수생리적잎마름병

Leaf scorch

가뭄에 의해 피해를 입은 나무

❶ 피해 상태

여름철 잎 가장자리가 갈색으로 나타난다.

❷ 생태 및 병징과 표징

가뭄에 의한 열해 피해로 7~8월경에 나타나는 특징이 있다. 잎마름 현상은 잎 가장자리가 황갈색으로 변하고 가장자리로만 확대될 뿐, 잎 중앙에는 피해 증상이 나타나지 않는다.

❸ 방제법

나무를 건전하게 육성하기 위하여 비료 및 퇴비를 시비하고, 토양은 보비력과 보수력을 향상시킨다. 가뭄이 계속되면 관수를 실시한다.

피해 상태

피해 잎

잎에 나타난 병징

가중나무흰가루병

학명 _ *Phyllactinia ailanthi* (Goloin et Bunk.)
Phyllactinia coryloa (Persoon) Karsten

가중나무흰가루병 피해를 입은 나무

❶ 피해 상태

잎 표면보다는 뒷면에 피해가 더 많다.

❷ 생태 및 병징과 표징

7~8월경이 되면 잎 뒷면에 흰색의 무늬(흰가루)가 나타나고 점점 잎 뒷면 전체로 확대되고 조기 낙엽된다. 심한 경우 가지와 열매만 남는다.

❸ 병원균

자낭포자는 타원형의 무색 단포이고 1개의 자낭에 2~3개의 자낭포자가 있다. 크기는 28~33 × 17.5㎛이다. 분생포자는 곤봉형이며 무색 단포이다.

❹ 방제법

- 약제 _ 티오파네이트메틸 수화제(톱신엠, 지오판), 베노밀 수화제(벤레이트, 다코스)
- 시기 _ 6~7월
- 방법 _ 약종별로 1,000~2,000배 희석액을10~15일 간격으로 2~3회 살포

피해 잎 뒷면의 병징

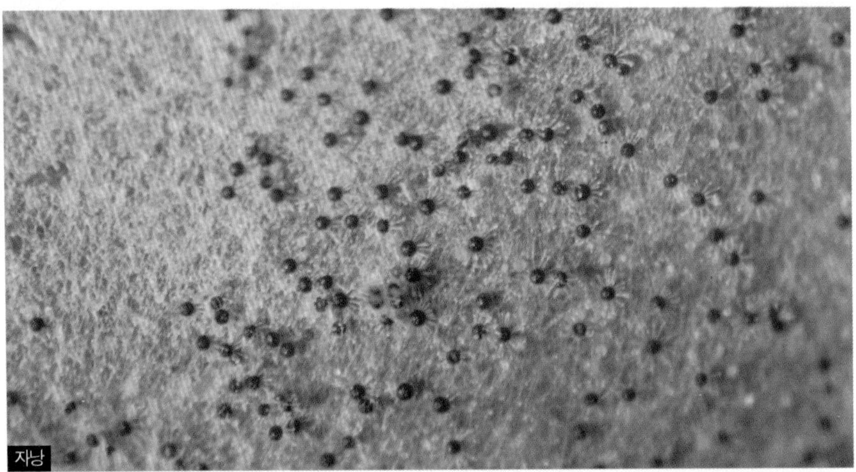
자낭

자낭 확대

가중나무갈반병

학명 _ *Septoria* sp.

가중나무갈반병 병징

❶ 피해 상태

잎 표면에 2㎜ 정도의 갈색 내지 농갈색 병반이 다수 나타난다.

❷ 생태 및 병징과 표징

병이 진전됨에 따라 5㎜까지 확대되며 중앙부가 회갈색으로 변한다. 병반 주위는 퇴록하여 연녹색을 띠면서 건전한 부분과 경계를 이루고 병반이 탈락하는 경우도 있다. 병반 뒷면에 소립점(병자각)이 생기며 습하면 포자 덩어리가 나타난다.

❸ 병원균

병자포자는 긴 원통형으로 약간 구부러져 있으며 양끝은 둥글다. 병자포자는 2~7개의 격막이 있으며 크기는 15~19×3~4㎛이다.

❹ 방제법

- 약제 _ 만코제브 수화제(다이센엠-45, 만코지), 동 수화제(옥시동, 신기동, 포리동)
- 시기 _ 발생 초기
- 방법 _ 약종별로 500~1,000배 희석액을 발생 초기에 수회 살포

박태기나무페스탈로치아병(갈문병)

학명 _ *Pestalotia* sp.

피해를 입은 잎

❶ 피해 상태

잎에 갈색 반점이 생기며 조기 낙엽된다.

❷ 생태 및 병징과 표징

병이 진전됨에 따라 불규칙한 병반이 확대된다. 병반 양면에 다수의 소립점(분생자퇴)이 나타난다.

❸ 병원균

분생포자는 방추형이고 5세포이며 정상에 2~3개의 섬모(부속사)가 있다.

❹ 방제법

- 약제 _ 만코제브 수화제(다이센엠-45, 만코지)
- 시기 _ 피해 발생 시
- 방법 _ 500배 희석액을 수회 살포

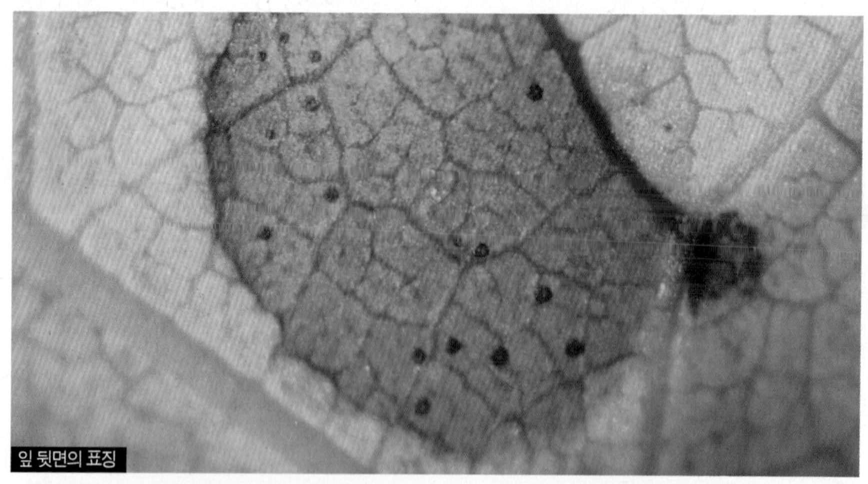
잎 뒷면의 표징

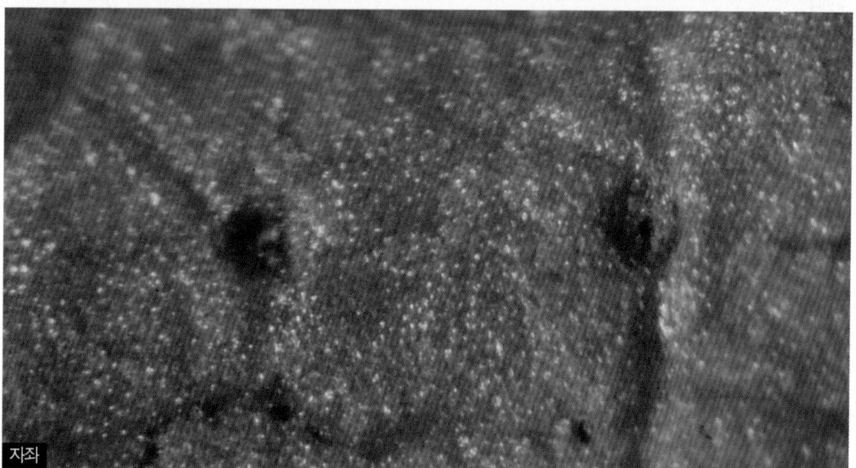
자좌

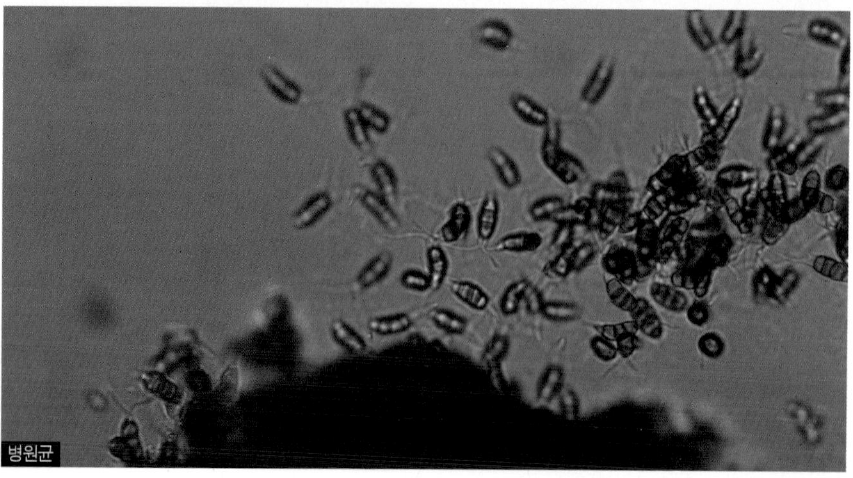
병원균

계수나무페스탈로치아엽고병

학명 _ *Pestalotia* sp.

계수나무페스탈로치아엽고병 피해를 입은 잎

❶ 피해 상태

잎 중앙으로 병반이 진행되면서 잎 끝이 안으로 말린다.

❷ 생태 및 병징과 표징

5~6월경 잎 가장자리가 갈색으로 변하고 점차 확대되면서 잎 가장자리가 넓게 갈색 부위로 확대된다. 오래된 피해 잎은 회갈색으로 변하고 잎 뒷면에 소립점(분생자퇴)이 나타난다.

❸ 병원균

분생포자는 방추형으로 3~5개의 격막이 있으며 2~3개의 편모가 있다.

❹ 방제법

- 약제 _ 만코제브 수화제(다이센엠-45, 만코지)
- 시기 _ 5~6월
- 방법 _ 500배 희석액을 수회 살포

잎 뒷면에 나타난 자좌

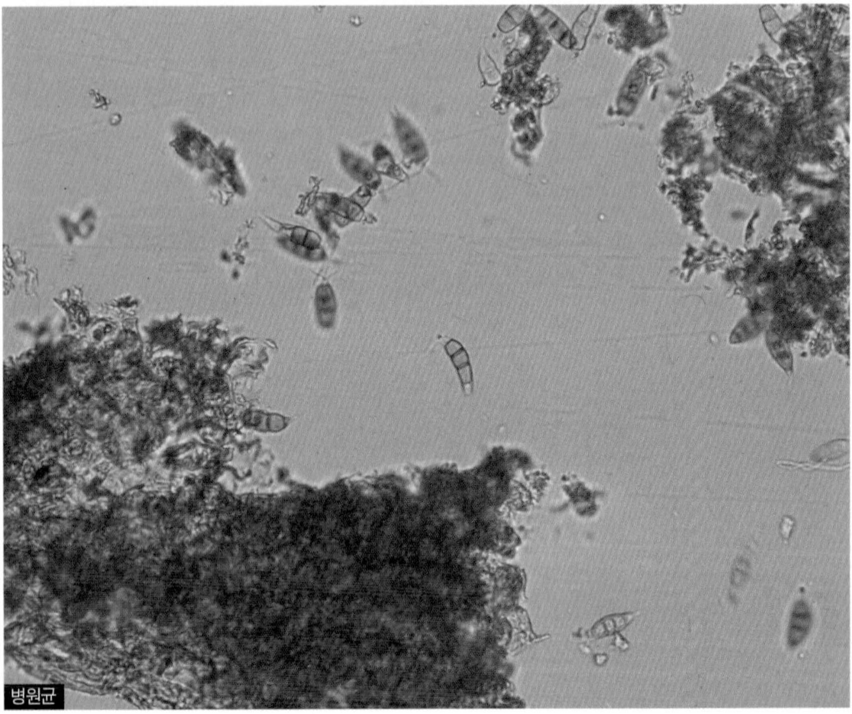

병원균

대추나무빗자루병(천구소병)

학명 _ *Candidatus* Phytoplasma ziziphi

대추나무빗자루병 피해를 입은 나무

❶ 피해 상태

잎이 빗자루 모양으로 총생한다.

❷ 생태 및 병징과 표징

대추나무 가지에 황록색의 극히 작은 잎이 총생하여 빗자루 모양으로 나타나고 가을까지 계속 붙어 있다. 다음 해는 연약한 빗자루 모양의 가지가 남아 있어 나무가 지저분하고 육안으로 쉽게 관찰된다.

❸ 병원균

병원체는 파이토플라스마(*Phytoplasma*)이며 크기는 70~1000㎛이다.

❹ 방제법

- 약제 _ 테라마이신
- 시기 _ 5월 중순~6월 중순
- 방법 _ 수간주사(흉고직경에 따른 항생제 주입 기준 참고)

병징

❺ 흉고직경에 따른 항생제 주입 기준

주입 대상목의 흉고직경(cm)	1000배액(1000ppm)을 주입할 경우	1l 용기 1개만을 사용할 경우 항생제량(g)
100이하	1	1
140이하	2	2
170이하	3	3
200이하	4	4
220이하	5	5
240이하	6	6
260이하	7	7
280이하	8	8
300이하	9	9
310이하	10	10
330이하	11	11
340이하	12	12
360이하	13	13
370이하	14	14
380이하	15	15

병징 확대

치료를 위한 대추나무 수간주사

튤립나무세균성반점병

학명 _ 미상

튤립나무세균성반점병 피해를 입은 나무

❶ 피해 상태

우리나라에서의 피해 정도에 대한 정확한 기록은 없다.

❷ 생태 및 병징과 표징

6~7월경이 되면 잎에 1㎜ 내외의 작은 원형 반점 수 개 또는 수십 개가 한 잎에 나타나며 병이 진전됨에 따라 3~4㎜ 정도까지 커진다. 병반 주위는 퇴록되어 황색 또는 담황색으로 변한다.

❸ 병원균

미상

❹ 방제법

- 약제 _ 스트렙토마이신(아그렙토 수화제, 농용신 수화제)
- 시기 _ 6월 초~7월
- 방법 _ 1,000배 희석액을 수회 살포

피해 잎 표면

피해 잎 뒷면

잎 뒷면 병징

개나리가지마름병

학명 _ 미상

개나리가지마름병의 피해를 입은 나무

❶ 피해 상황

병원균을 분리하지 못하였다. 1997년 수원 팔달산의 개나리에 피해가 심하게 나타난 바 있다.

❷ 생태 및 병징과 표징

가지에 흑갈색의 병반이 생기며 병반이 진전됨에 따라 병반의 상층부 잎이 낙엽되고 가지가 고사한다. 6월경 병반이 나타나기 시작, 8월경이 되면 낙엽 및 고사지가 발견된다.

❸ 병원균

미상

❹ 방제법

- 약제 _ 만코제브 수화제(다이센엠-45, 만코지)
  동 수화제(옥시동, 신기동, 포리동)
- 시기 _ 5월
- 방법 _ 약종별로 500~1,000배 희석액을 2~3회 살포

개나리

가지에 나타난 병징

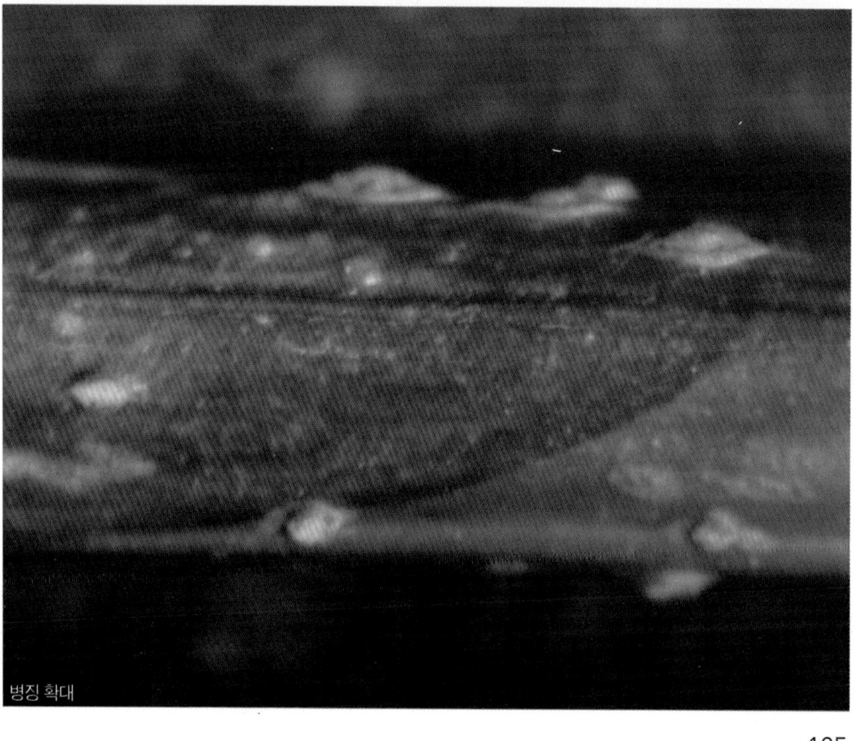

병징 확대

등나무혹병

학명 _ *Erwinia millettiae* (Kawakami et Yoshida) Magrou
Pantoea agglomerans pv. millettiae (Kawakami et Yoshida) Young et al.

등나무혹병 피해를 입은 나무

❶ 피해 상태

줄기에 혹이 발생하여 부패의 원인이 된다.

❷ 생태 및 병징과 표징

피해 초기에 등나무 줄기에 회백색의 작은 혹이 생기며, 혹이 점점 커져 직경 5~10㎝까지 달하게 된다. 모양은 부정형 또는 반구형으로 다수가 합쳐지면 크기가 10㎝ 이상 되는 것도 있다. 표면은 거칠며 황갈색이 되고 딱딱해지면 터지는 경우가 많으며 부후균이 유입하여 썩게 된다.

❸ 병원균

병원체는 주생모로 7~8개의 편모가 있고 크기는 0.4~0.6×0.7~2.5㎛이다.

❹ 방제법

혹의 발견 즉시 예리한 칼로 목질부까지 제거하고 알코올이나 크레오소트 용액으로 2~3회 소독, 도포제나 바셀린으로 도포한다.

등나무혹병 피해를 입은 나무

목련나무반점병

학명 _ *Phyllosticta cookei* Sacc.

목련나무반점병 병징

❶ 피해 상태

최근 이 병균의 피해가 발견되었고 앞으로 조사가 요구된다.

❷ 생태 및 병징과 표징

피해 초기에 잎에 갈색 원형의 작은 반점이 생기고 점차 확대되어 3㎜까지 되며 암갈색으로 변한다. 작은 반점이 합쳐지면 부정형의 큰 반점이 생긴다. 병반 주위는 퇴색되며 황색으로 변하여 조기 낙엽된다. 피해가 심할 때는 무수한 병자각이 흑점상으로 나타난다.

❸ 병원균

병자각은 흑색의 구형으로 직경이 80~110㎛이며, 병자포자는 무색의 타원형으로 크기는 10~13×3~5㎛이다.

❹ 방제법

- 약제 _ 만코제브 수화제(다이센엠-45, 만코지), 클로로탈로닐 수화제(다코닐, 금비라, 새나리)
- 시기 _ 발병 전
- 방법 _ 약종별로 500~1,000배 희석액을 10일 간격으로 2~3회 살포

밤나무줄기마름병(동고병)

학명 _ *Endothia parasitica* (Murill) P. J. et H. W. Anderson
Cryphonectria parasitica (Murill) Barr

6월경 나타난 피해목

❶ 피해 상태

동양의 풍토병으로 미국 동북부와 유럽의 밤나무를 황폐시킨 보고가 있다.

❷ 생태 및 병징과 표징

6~7월 잎이 시들고 황색 또는 갈색으로 변하며, 줄기나 가지에 황갈색 또는 적갈색의 병반이 생긴다. 병반이 줄기나 가지에 환상으로 확대되면 그 윗부분은 고사된다. 병반 위에 작은 소립점(병자각)이 나타나고 습하면 등황색 또는 적갈색의 실 같은 포자각이 나타난다.

❸ 병원균

자좌 안에 병자각이 다수 있으며 병자포자는 짧은 막대기형으로 무색의 단포이고 크기는 3.0~6.2×0.5~1㎛이다. 자좌 밑에는 다수의 자낭각이 생기며 자낭은 타원형 내지 곤봉형이고 크기는 36~54×5~8.5㎛이며 8개의 포자가 두 줄로 배열되어 있다. 자낭포자는 타원형이며 양쪽이 둥글고 무색의 2포로 되어 있으며 중앙이 잘록하다. 크기는 7~13×3~5㎛로 병자포자보다 크다.

❹ 방제법

줄기나 가지에 동해를 입었으나 상처가 날 때 침입하므로 수간에 백토제를 도포하거나 가지치기 시에 상처 부위에 도포제를 바른다. 내병성 수종(단택, 이파, 삼조생, 금추 등)을 식재한다.

가지에 나타난 병징

수피에 나타나는 자좌 병자각

밤나무갈색점무늬병

학명 _ *Septoria quercus* Thüm.

밤나무갈색점무늬병 병징

❶ 피해 상태

초기에는 수관하부의 잎 표면에 흑갈색의 작은 반점이 나타나 10㎜까지 확대된다. 반점은 회녹색~적갈색으로 둥근 모양을 형상한다.

❷ 생태 및 병징과 표징

건전부와 병환부는 경계가 불확실하지만 뒷면의 반점은 앞면보다 옅은 색을 띠며 경계 부위에 회갈색의 돌기가 형성된다. 병반 표면에 흑색 소립점(병자각)이 생긴다.

❸ 병원균

병포자는 바늘 모양으로 약간 굽었으며 크기는 10~16×2㎛이다.

❹ 방제법

병든 낙엽은 모아서 소각한다.

근두암종병(뿌리혹병)

학명 _ *Agrobacterium tumefaciens* (Smith & Townsend) conn

뿌리에 형성된 혹

❶ 피해 상태

다범성 병해로 우리나라 밤나무 묘목에 피해가 심하다.

❷ 생태와 병징과 표징

줄기 및 지제부에 많이 발생되나 가지에도 발생된다. 초기에는 상처 부위에 회색 또는 회황색 작은 혹이 형성되며 이 혹이 점차 커지면서 딱딱하게 되고 표면이 거칠어지고 암갈색으로 변하는데 큰 것은 과실 크기만 하다.

❸ 병원균

병원균은 막대기 모양의 단세포로 크기는 0.4~0.8×1.0~3.0㎛ 정도이고 1개 또는 3개의 극모가 있다.

❹ 방제법

지제부나 뿌리에 상처가 나지 않도록 한다. 상처가 나면 도포제를 철저히 처리하여 병원균의 침입을 방지한다. 혹이 발견되면 혹을 제거하고 알코올로 2~3회 소독한 후 외과수술을 시행하는데 피해가 있는 지역은 크로르피크린으로 토양을 소독한 후 묘목을 식재한다. 이때 묘목을 스트렙토마이신 용액에 침지하는 방법도 효과적이다.

밤나무갈반병(반점병)

학명 _ *Tubakia japonica* Saccardo

잎의 병징

❶ 피해 상태

조기 낙엽되고 수세 쇠약 등 생장에 지장이 있으며 관상수의 경우 미관을 해친다.

❷ 생태 및 병징과 표징

잎에 적갈색의 반점이 나타나며 다수의 반점이 생겨 합쳐지면 불규칙한 병반이 된다. 건전부와의 경계는 뚜렷하지만 잎이 황색으로 변하여 떨어지며 병반에는 흑색, 흑갈색의 작은 돌기(병자각)가 다수 형성된다.

❸ 병원균

분생포자는 담색 내지 담황색이며 원형으로 크기는 40~55×35~45㎛이다. *T. rubra*의 분생포자는 무색 내지 담갈색이고 구형 내지 타원이며 크기는 8~15×7~15㎛이다.

❹ 방제법

- 약제 _ 동 수화제(옥시동, 신기동, 포리동)
- 시기 _ 발병 초기
- 방법 _ 약종별로 500~1,000배액을 수회 살포

참나무류 흰가루병

학명 _ *Microsphaera alphitoides* Griffon et Maublanc

참나무류 흰가루병 병징

❶ 피해 상태

피해 초기에는 잎에 흰색 반점이 생기며 점차 확대되어 잎 전체로 퍼진다.

❷ 생태 및 병징과 표징

잎에 흰 가루가 뿌려진 것 같은 모양으로 관찰되는 것은 균사, 분생자경, 분생포자이다. 이 분생포자가 반복 전염을 계속한다.

❸ 병원균

자낭포자는 무색 타원형으로 19~23×9~11㎛이, 분생포자는 무색 타원형이다. 자낭은 흑색의 구 으로 크기는 112~158㎛이다.

❹ 방제법

- 약제 _ 티오파네이트메틸 수화제(톱신엠, 지오판 카라센 수화제
- 시기 _ 5~6월
- 방법 _ 약종별로 800~1,000배 희석액을 2~3 살포

참나무류 둥근무늬병(원성병)

학명 _ *Macrophoma quercicola* Togashi

잎의 병징

❶ 피해 상태

참나무갈색둥근무늬병(*Marssonia martini Magnus*)과 병징의 구별이 뚜렷하지 않다.

❷ 생태 및 병징과 표징

6월경부터 잎에 2~6㎜ 정도의 갈색 원형 반점이 나타나고 반점 중앙은 회갈색, 건전부와의 경계는 차갈색으로 구분이 명확하며 가을이 되면 반점이 탈락된다.

❸ 병원균

병자포자는 무색의 타원형이고 단포이며 크기는 17.5~27.5×6.3~10㎛이다.

❹ 방제법

- 약제 _ 만코제브 수화제(다이센엠-45, 만코지)
- 시기 _ 6~8월
- 방법 _ 450~500배액을 10~15일 간격으로 3~4회 살포

참나무시들음병

학명 _ *Raffaelea* sp.

광릉긴나무좀의 식흔

❶ 피해 상태

매개충의 성충이 5월 중순부터 나타나서 참나무 줄기로 들어가며, 피해를 받은 나무는 7월 말경부터 빠르게 시들면서 말라 죽는다. 특히 신갈나무가 감수성이며 서어나무도 피해를 준다.

❷ 생태 및 병징과 표징

매개충은 광릉긴나무좀이며 대부분 5령의 노숙유충으로 월동하며 5월 중순부터 우화하여 참나무에 피해를 준다. 매개충의 침입을 받은 나무 주변에는 목재배설물이 많이 배출되어 구별이 된다.

❸ 병원균

나무 변재부가 암갈색으로 변하며 이 변색부는 병원균에 의한 피해이다.

❹ 방제법

벌목 훈증 처리(메탐소디움 1㎥당 1ℓ) 또는 페니트로티온 유제(스미치온) 300~500배액을 수간 살포

매개충 침입 구멍

동백나무백조병 병징

❶ 피해 상태

동백나무 숲과 같이 과습한 지역에 피해가 많다. 특히 가시나무, 사스레피나무, 구실잣밤나무, 동백나무 등 상록활엽수에 피해가 많다.

❷ 생태 및 병징과 표징

봄철 잎에 암갈색의 병반이 1~3㎜ 정도 크기로 발생하기 시작하며 일반적으로 원형이다. 병이 진전됨에 따라 중앙부는 회색으로 변하고 흰색 털 같은 균사가 병환부를 덮는다.

❸ 병원균

포자는 원형 또는 타원형으로 크기는 14~26 × 14~19㎛이다.

❹ 방제법

- 약제 _ 동 수화제(옥시동, 신기동, 포리동)
- 시기 _ 5~6월
- 방법 _ 약종별로 500~1,000배 희석액을 살포

동백나무탄저병

학명 _ *Glomerella cingulata*(Stone.) Spaulding et Schrenk

동백나무탄저병 병징

❶ 피해 상태

잎, 열매, 어린 가지에 발생하며 심하면 잎과 어린 가지가 말라 죽는다.

❷ 생태 및 병징과 표징

피해 초기에는 담녹색의 약간 건조한 병반이 생기며, 병이 진점됨에 따라 적갈색 내지 갈색으로 변하고 후에 회색으로 변한다. 병반 주위가 암록색으로 되며 약간 융기되는 듯한 느낌을 준다. 병반에는 흑색 분생자퇴가 생기며 과습하면 회황색의 점물질이 생긴다.

❸ 병원균

자낭각은 표피 아래에 산재하여 발생, 구형 또는 준구형으로 정단부의 구멍은 표피 위로 나 있으며, 크기는 130~200㎛이다. 자낭은 곤봉상의 원통형이며 약간 뾰족하고 크기는 52~72×10~13㎛이다. 8개의 자낭포자가 있으며 자낭포자는 무색의 장타원형으로 양끝이 뾰족하고 크기는 11~15×4~7㎛로 분생포자와 크기가 비슷하다.

❹ 방제법

- 약제 _ 만코제브 수화제(다이센엠-45, 만코지)
- 시기 _ 6~9월
- 방법 _ 500배 희석액을 4~5회 살포

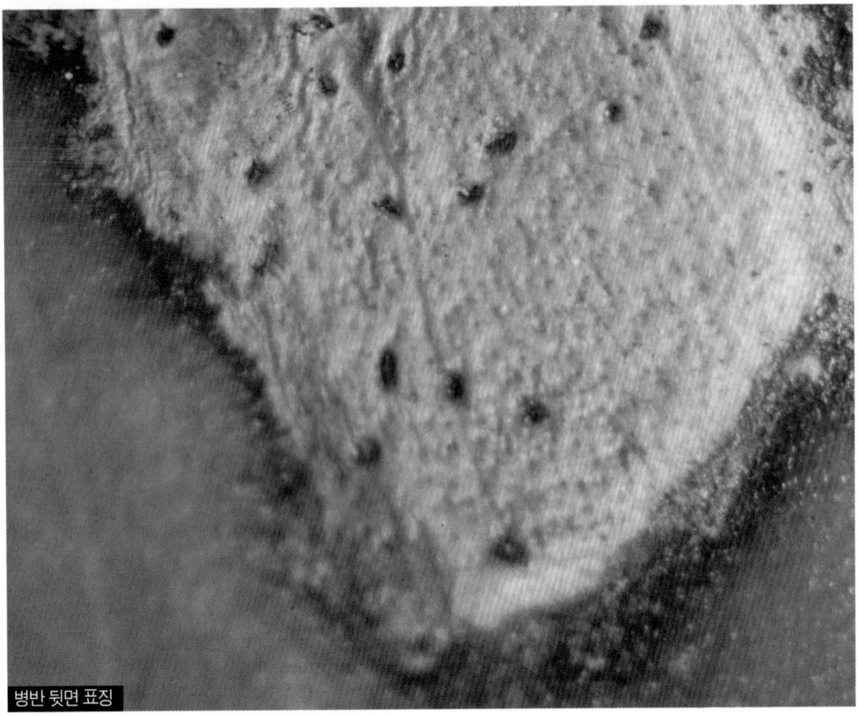

병반 뒷면 표징

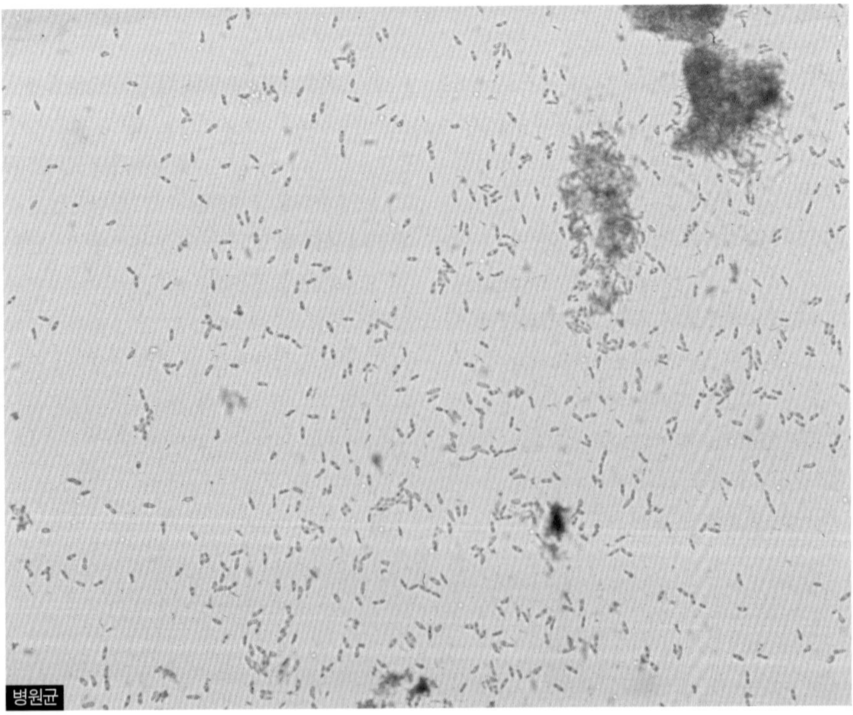

병원균

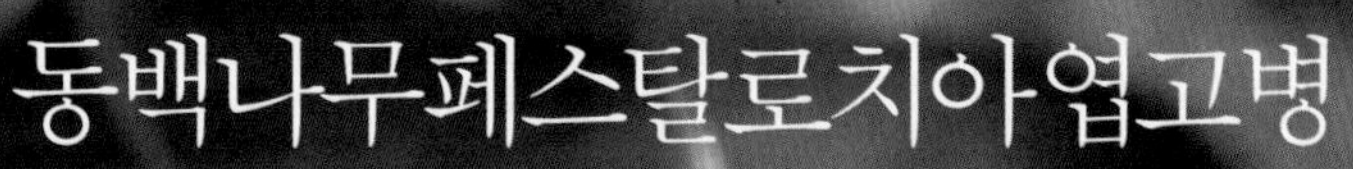

동백나무페스탈로치아엽고병

학명 _ *Pestalotiopsis guepini* Steyaert

동백나무 페스탈로치아엽고병 병징

❶ 피해 상태

오래된 잎과 열매에 발생이 심하며 잎과 열매가 조기에 떨어진다.

❷ 생태 및 병징과 표징

열매에서는 갈색~흑갈색의 둥근 무늬가 나타나며 잎에서는 갈색~암갈색을 띤 반원형~원형의 부정형 반점이 형성되고 건전부와 병환부는 띠를 이룬다. 병반은 약간 수축하거나 경계부가 분리되어 병반이 떨어지기도 한다. 병반 위에 소흑점이 나타나고 습할 때에는 흑색점(포자각)이 나타난다.

❸ 병원균

분생포자는 방추형으로 5세포로 되어 있으며 크기는 14~22 × 4~6㎛ 이다. 1~2개의 부속사가 있다.

❹ 방제법

- 약제 _ 동 수화제(옥시동, 신기동, 포리동), 유기유황제
- 시기 _ 6월 중순~9월 중순
- 방법 _ 약종별로 4~5회 살포

동백나무알터나리아엽고병(가칭)

학명 _ *Alternaria* sp.

동백나무알터나리아엽고병 병징

❶ 피해 상태

잎이 조기 낙엽되어 수세 쇠약의 원인이 된다.

❷ 생태 및 병징과 표징

잎에 타원형, 장타원형의 회색, 회갈색 병반이 나타나며 흑립점이 나타난다. 생태는 미상이다.

❸ 병원균

미상

❹ 방제법

- 약제 _ 동 수화제(옥시동, 포리동, 신기동), 코퍼하이드록사이드 수화제(쿠퍼, 코사이드)
- 시기 _ 피해 발생 시
- 방법 _ 500~1,000배 희석액을 수회 살포

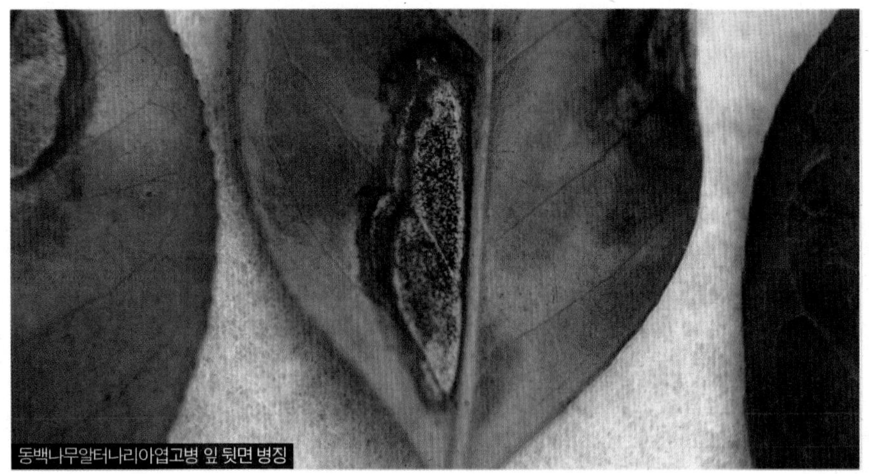
동백나무알터나리아엽고병 잎 뒷면 병징

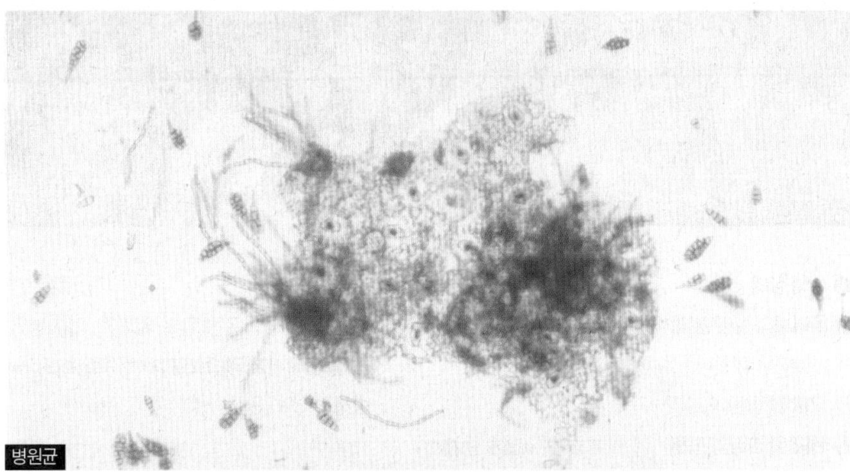
병원균

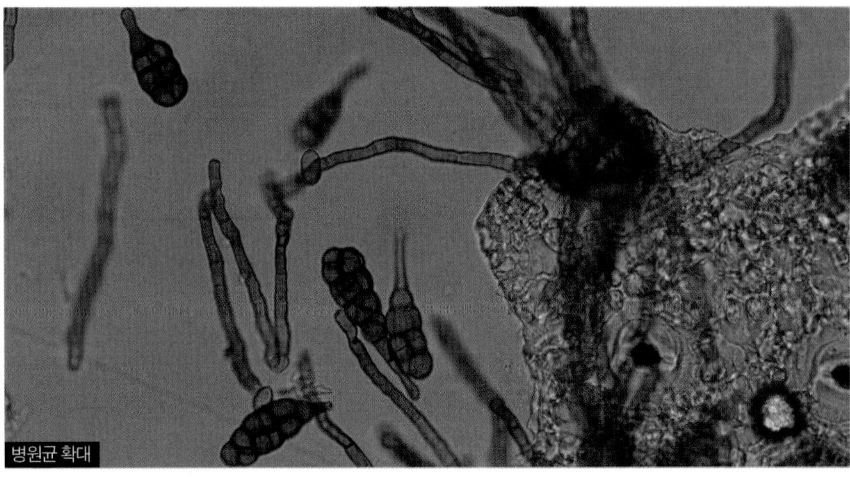
병원균 확대

감나무둥근무늬낙엽병(원성낙엽병)

학명 _ *Mycosphaerella nawae* Miura et Ikata

감나무둥근무늬낙엽병 피해를 입은 나무

❶ 피해 상태

잎에 흑색의 둥근 반점이 형성되고, 병이 진전되면서 병반이 확대된다.

❷ 생태 및 병징과 표징

주로 잎에 많이 발생되나 드물게 감꼭지에도 발생한다. 병반 내부는 적갈색 내지 담갈색을 띠며 병반의 테두리는 흑자색으로 변한다. 병반에는 흑색 소립점(자낭각)이 생긴다. 감나무각반낙엽병의 흑색 소립점은 자좌로 분생자퇴가 생기는 것이 다르다. 참고로 모무늬낙엽병은 피해 증상이 비슷한데, 병반이 초기에는 원형이나 병이 진전되면서 다각형으로 변한다. 병반 뒷면에 회색의 균사체가 생기며 분생포자로 월동, 1차 전염원이 된다.

❸ 병원균

자낭포자는 방추형이고 격막이 있으며 격막 부위가 약간 함몰되어 있고 크기는 6~12×2.4~2.6㎛이다. 병자포자도 격막이 있다.

❹ 방제법

- 약제 _ 동 수화제(옥시동, 신기동, 포리동)
- 시기 _ 5월 중순~6월 하순
- 방법 _ 약종별로 500~1,000배 희석액을 10일 간격으로 3회 살포

잎의 병징

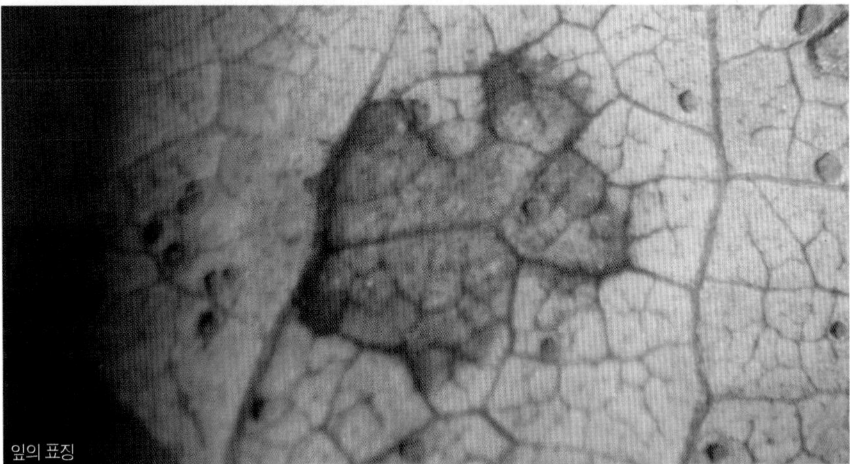
잎의 표징

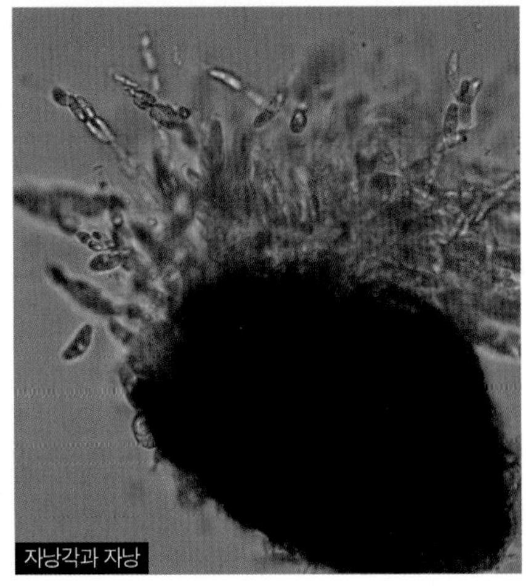
자낭각과 자낭

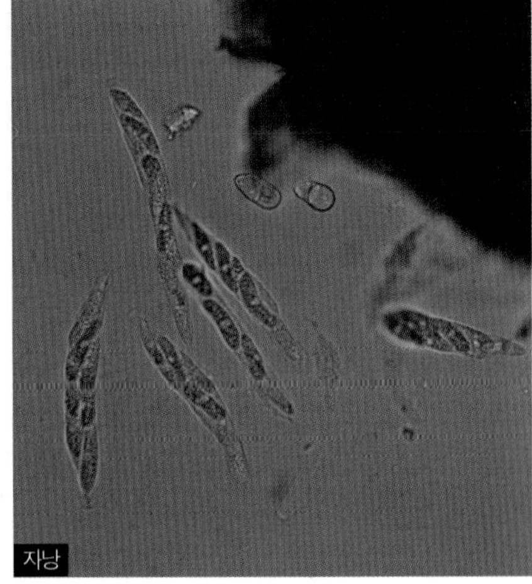
자낭

감나무엽고병 병징

❶ 피해 상태

잎에 1㎜ 내외의 불규칙한 부정원형 또는 다각형의 갈색 반점이 나타나며 건전부와의 경계가 뚜렷하며 병반 위에 흑색 소립점이 나타난다.

❷ 생태 및 병징과 표징

주로 잎에 발생하지만 가지와 과실에도 발생한다. 낙엽된 병반에서 균사 상태로 월동하고 다음 해 전염원이 된다.

❸ 병원균

분생포자는 방추형이고 5포로 되어 있으며 크기는 16.7~21.7×6.7~8.4㎛이다. 2~3개의 섬모를 가지고 있다.

❹ 방제법

- 약제 _ 만코제브 수화제(다이센엠-45,만코지),
  클로로탈로닐 수화제(다코닐, 금비라, 새나리)
- 시기 _ 태풍이나 강풍이 온 후
- 방법 _ 약종별로 500~1,000배 희석액을 살포

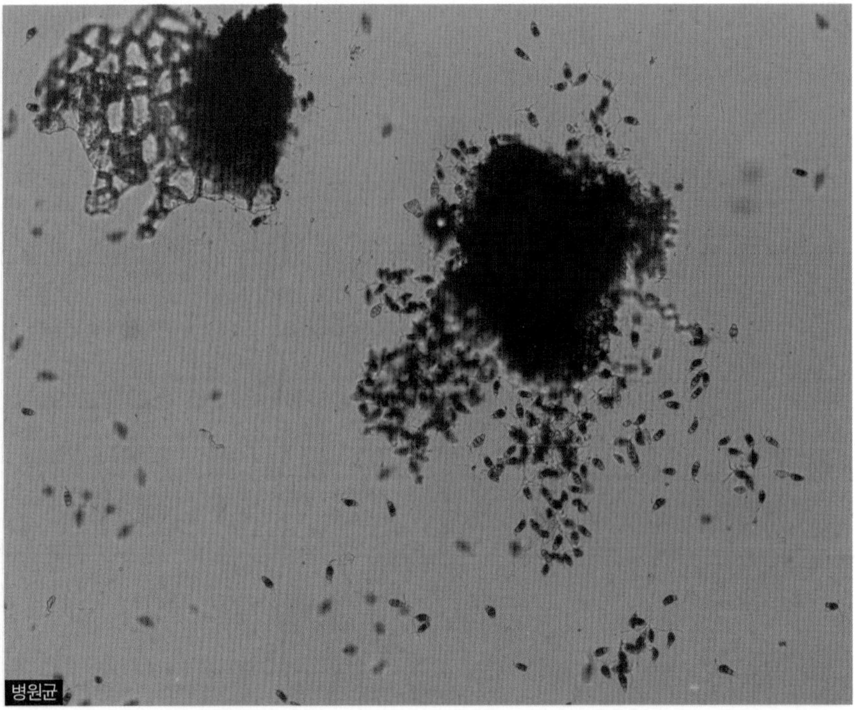

병원균

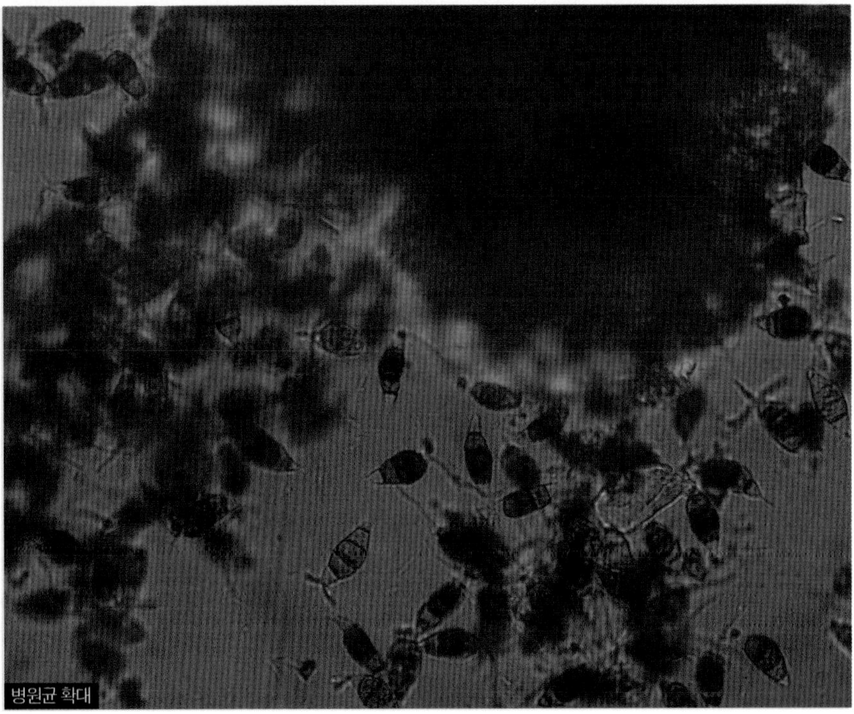

병원균 확대

명자나무녹병

학명 _ *Gymnosporangium asiaticum* Miyabe ek Yamada

명자나무녹병 병징

❶ 피해 상태

잎이나 신초, 과실에 발병되며 신엽이 전개되면서 잎 표면에 선명한 등황색의 원형 반점이 나타난다.

❷ 생태 및 병징과 표징

크기는 2~5㎜ 정도이고 잎 뒷면은 담갈색 또는 황색이 되며 5월 중 · 하순경부터 병반 뒷면에 4~5㎜ 정도의 털이(수포낭, 녹포자기) 군생한다.

❸ 병원균

모과나무적성병 참조

❹ 방제법

모과나무적성병 참조

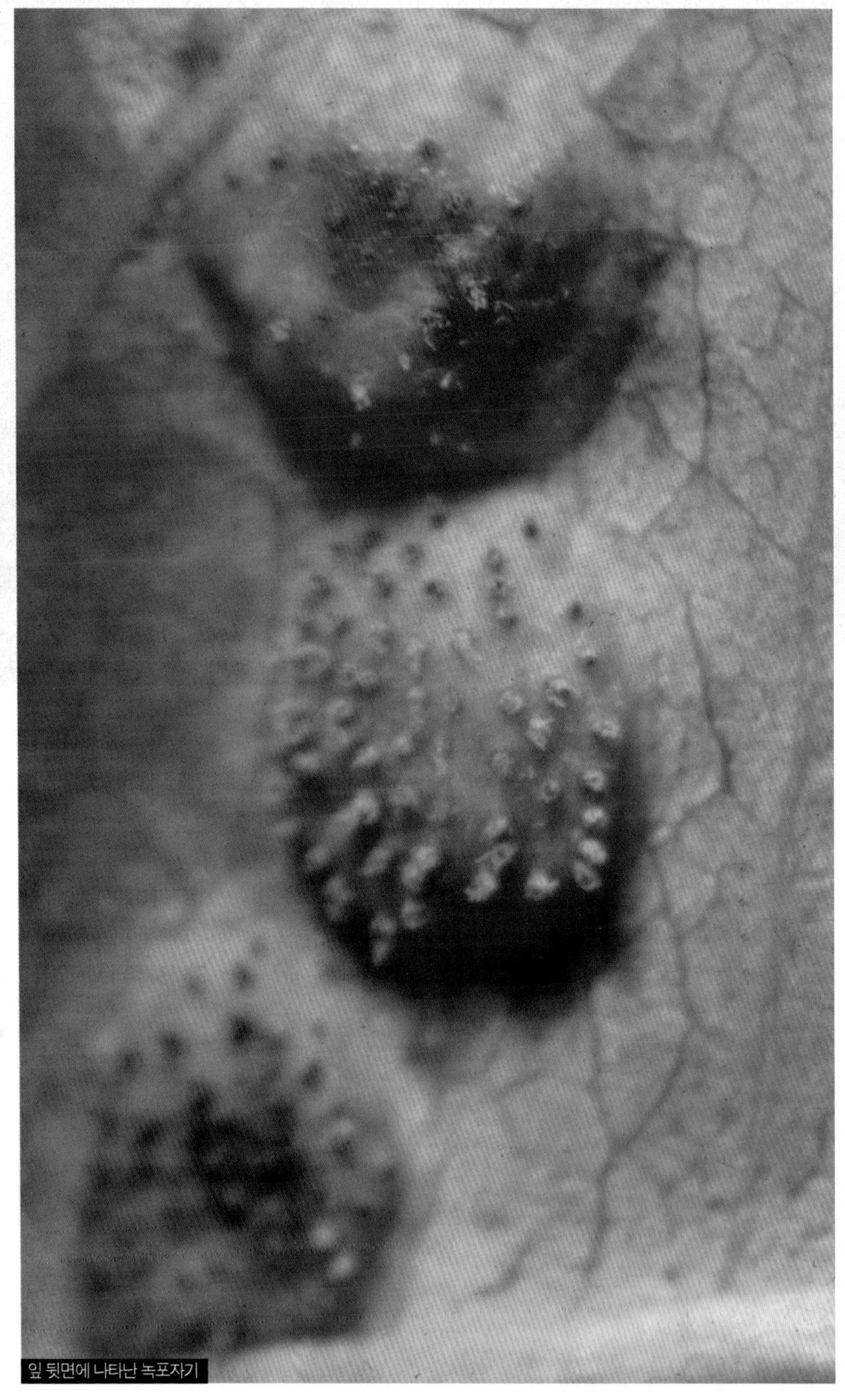
잎 뒷면에 나타난 녹포자기

명자나무점무늬병(반점병)

학명 _ *Pseudocercospora cydoniae* (Ellis et Everh.)

명자나무점무늬병 피해를 입은 나무

❶ 피해 상태

6월경이 되면 잎에 0.5~1.0㎜ 크기의 농갈색 반점이 나타나고 점점 확대되면서 3~5㎜의 부정형~다각형의 병반이 생긴다.

❷ 생태 및 병징과 표징

병반 표면에는 작은 흑색 소립점(자좌)이 형성되며 회색의 균사체(분생자경, 분생포자)가 형성된다.

❸ 병원균

분생포자는 원주상 또는 곤봉상이며 5~11개의 격막이 있고 크기는 16~80×2~4㎛이다.

❹ 방제법

- 약제 _ 만코제브 수화제(다이센엠-45, 만코지), 동 수화제(옥시동, 신기동, 포리동)
- 시기 _ 4월 하순~5월
- 방법 _ 약종별로 500~1,000배 희석액을 2~3회 살포

피해를 입은 잎

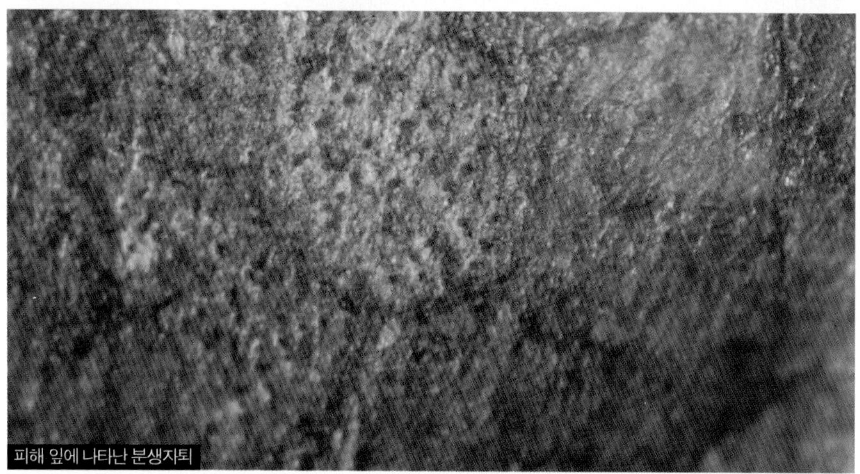
피해 잎에 나타난 분생자퇴

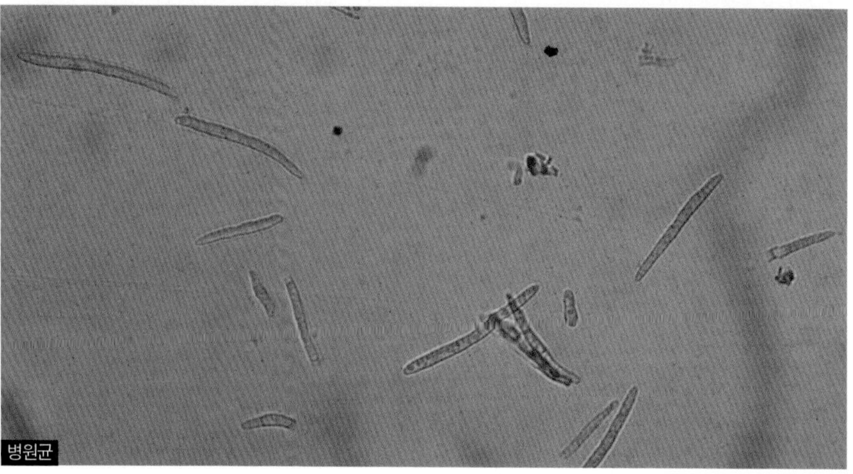
병원균

명자나무

살구나무축엽병

학명 _ *Taphrina mume* Nishida

살구나무축엽병 병징

❶ 피해 상태

봄에 잎이 발아한 후 잎이 이상비대하면서 쭈글쭈글해지고 회황색, 붉은색의 선이 나타나며 표면에 흰색 가루가 나타난다.

❷ 생태 및 병징과 표징

병원균은 가지나 눈에서 월동한다.

❸ 병원균

자낭포자는 무색 단포로 난형이고 직경은 4~6㎛이다.

❹ 방제법

- 약제 _ 만코제브 수화제(다이센엠-45, 만코지), 클로로탈로닐 수화제(다코닐, 금비라, 새나리), 석회유황합제
- 시기 _ 2월 하순~3월 하순
- 방법 _ 약종별로 500~1,000배 희석액을 눈과 가지에 2~3회 충분히 살포, 피해 잎은 채취 후 땅에 묻거나 소각

앵두나무주머니병

학명 _ *Taphrina pruni* Tulasne

앵두나무주머니병 병징

❶ 피해 상태

잎이 이상비대하면서 주머니 모양이 된다.

❷ 생태 및 병징과 표징

피해를 입은 잎의 주머니에 흰색 가루가 나타난다. 병원균은 겨울눈 주위에서 월동하고 발아 후 또는 개화기에 전염된다.

❸ 병원균

무색 단포의 원형 또는 준원형으로 직경이 4~5㎛이다.

❹ 방제법

살구나무축엽병 참조

산딸나무벤추리아흑성병(가칭)

학명 _ *Venturia* Sp.
Venturia nashicola Tanaka et yamamoto(배의 흑성병)
Venturia inaequalis Winter(사과의 흑성병)

산딸나무벤추리아흑성병 피해를 입은 나무

❶ 피해 상태

엽병 신초에 발생하여 처음에는 엽맥을 따라 부정형, 원형의 흑색 병반이 생기며 그을음 모양으로 되다가 변한다.

❷ 생태 및 병징과 표징

병원균은 병엽이나 병든 가지에서 월동하고 다음해 바람에 의해 전반된다.

❸ 병원균

미상

❹ 방제법

- 약제 _ 만코제브 수화제(다이센엠-45, 만코지), 페나리몰 수화제(동부훼나리)
- 시기 _ 2월 하순~3월 하순
- 방법 _ 약종별로 500~2,500배 희석액을 눈과 가지에 수회 충분히 살포

산딸나무벤추리아흑성병 피해를 입은 잎

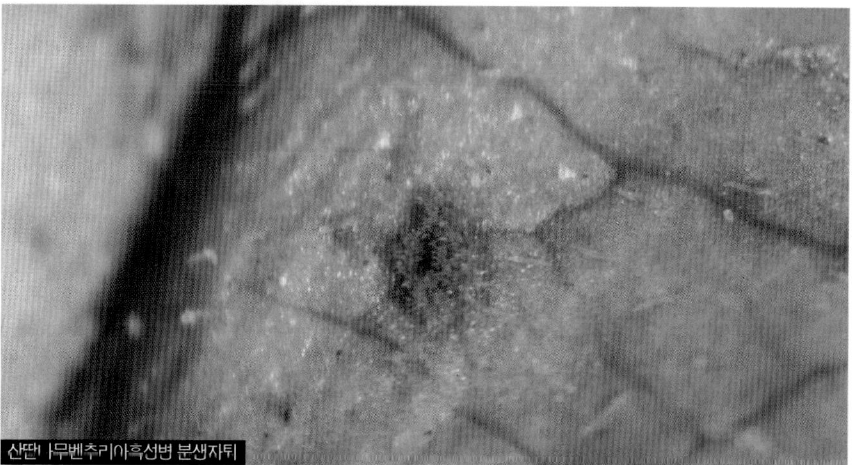
산딸나무벤추리아흑성병 분생자퇴

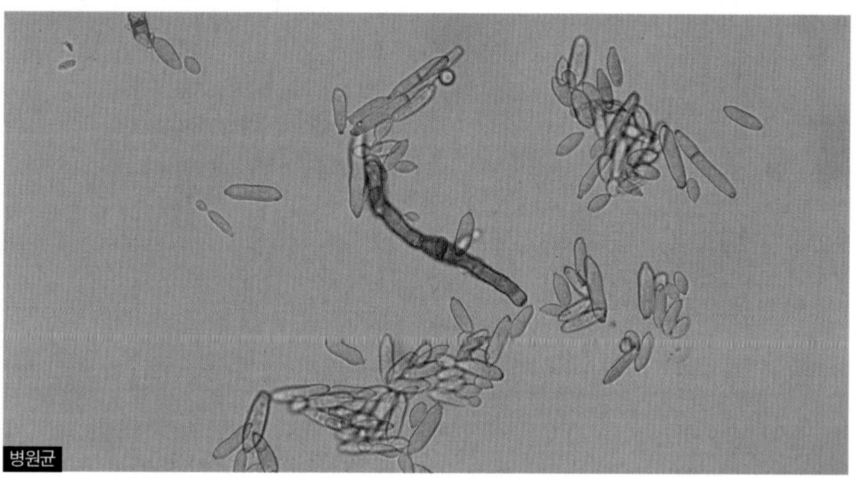
병원균

회화나무가지녹병

학명 _ *Uromyces truncicola* Hennings et Shirai

회화나무가지녹병 피해를 입은 나무

❶ 피해 상태

잎과 가지, 줄기에 발생한다. 잎에는 7월 초순부터 잎 뒷면의 표피를 뚫고 황갈색의 여름포자가 나타난다.

❷ 생태 및 병징과 표징

가지와 줄기에는 껍질이 갈라져 방추형의 혹이 생기며 겨울에는 혹이 갈라진 껍질 밑에 흑갈색의 겨울포자가 무더기로 나타난다. 중간기주는 분명하지 않다.

❸ 병원균

여름포자는 황색 또는 갈색이며 구형~타원형이다. 표면에 작은 털이 나 있으며 20~32×16~24㎛이다. 겨울포자는 밤색이며 타원형~난형이다. 선단 부분이 약간 부풀어 있으며 30~44×22~32㎛이다.

❹ 방제법

- 약제 _ 만코제브 수화제(다이센엠-45, 만코지)
- 시기 _ 잎이 나올 때부터 9월까지
- 방법 _ 450~500배액을 월 1~2회 살포

회화나무가지녹병 피해를 입은 나무

오동나무빗자루병

학명 _ *Condidatus* Phytoplasma asteris

오동나무빗자루병 피해를 입은 나무

❶ 피해 상태

가지가 총생하여 빗자루 모양이 된다.

❷ 생태 및 병징과 표징

잎과 가지가 정상보다 작으며 연약하다. 흡수성 해충인 담배장님노린재에 의해 매개된다.

❸ 병원균

세포벽이 없기 때문에 균사형(菌絲形), 연쇄형(連鎖形) 또는 구상 등으로 매우 다양하게 나타나며 세포여과관을 통과한다.

❹ 방제법

- 약제 _ 옥시테트라사이크린(테라마이신)
- 시기 _ 발견 즉시
- 방법 _ 포도당에 1,000배로 희석하여 흉고직경당 1 l 를 수간주사

병징

병징 확대

호두나무검은가지마름병

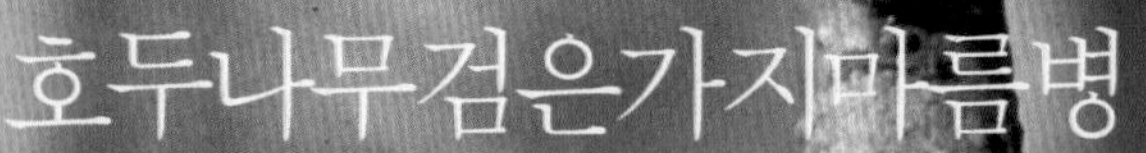

학명 _ *Melanconis juglandis* (Ellis et Everhart) Graves

호두나무검은가지마름병 피해를 입은 나무

❶ 피해 상태

피해 가지는 회갈색~회백색으로 죽고 건전부와의 경계는 약간 함몰되어서 구분이 뚜렷해진다.

❷ 생태 및 병징과 표징

수피를 뚫고 나온 포자가 빗물에 씻겨서 주변 수피에 흘러내리면 잉크를 뿌려놓은 듯한 모양으로 나타난다.

❸ 병원균

분생포자는 타원형의 단포로 색깔은 암갈색이며 크기는 18.0~23.5×11.0~14.0㎛이다.

❹ 방제법

병든 가지는 잘라서 소각하고 자른 부분은 지오판 도포제 등을 발라준다. 수세가 쇠약해지지 않도록 시비 및 배수 관리에 주의한다.

호두나무검은가지마름병 피해를 입은 가지

가지에 나타난 돌기

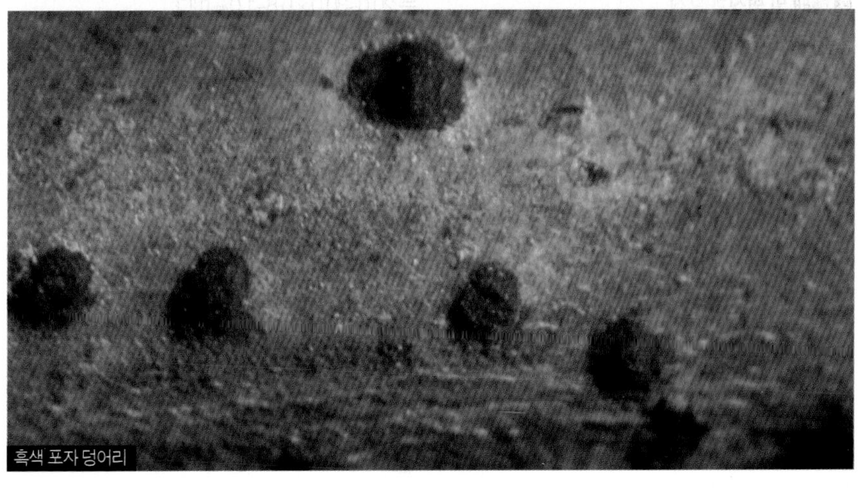

흑색 포자 덩어리

호두나무포몹시스가지마름병

학명 _ *Phomopsis albobestita* Fairm

호두나무포몹시스가지마름병 피해를 입은 나무

❶ 피해 상태

상처 부위 또는 겨울눈을 중심으로 갈색 반점이 형성되고 점차 확대되면서 담적갈색~갈색으로 고사한다.

❷ 생태 및 병징과 표징

병든 부분에는 작은 돌기가 나타나고 습기가 많을 때에는 실과 같은 미색의 포자각이 분출한다.

❸ 병원균

A형은 *Phoma*로 병포자는 무색의 단포로 타원형이고 대부분 2개의 과분(果粉)을 가지고 있으며 크기는 5.0~9.0×1.5~2.0㎛이다. B형은 *Rhabdospora*로 포자는 무색의 단포로 낚시바늘 모양이며 크기는 20.0~30.0×0.8~1.0㎛이다.

❹ 방제법

병든 가지는 잘라서 소각하고 자른 부위는 지오판도포제 등을 발라주며 상처가 생기기 않도록 관리에 각별히 주의한다.

호두나무갈색점무늬병

학명 _ *Pestalotiopsis guepinii* (Desmazieres) Steyaert

호두나무갈색점무늬병 피해를 입은 잎

❶ 피해 상태

잎에 갈색의 점이 생긴다.

❷ 생태 및 병징과 표징

잎에 갈색 원형 또는 부성형의 병반이 나다니며 심하면 잎이 찢어지고 말라 고사한다.

❸ 병원균

방추형의 5세포로 20~26×8~9㎛이다. 부속사는 2~4개 있다.

❹ 반제법

발생 시기에 만코제브 수화제(다이센엠-45, 만코지) 500배액을 살포

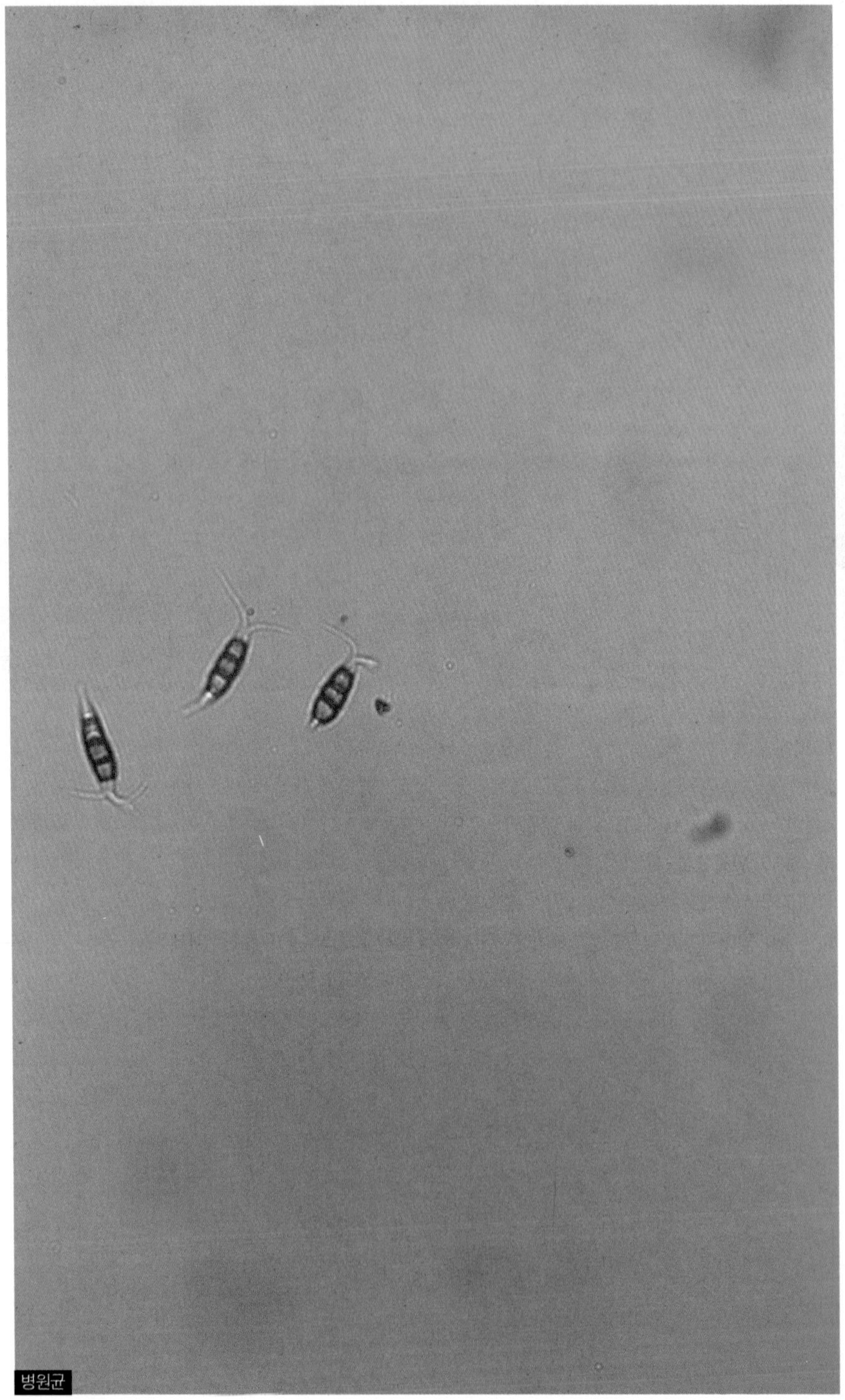
병원균

활엽수근주심재부후병

학명 _ *Fomitopsis cytisina* Berk.

활엽수근주심재부후병

❶ 피해 상태

자제부가 썩어 강풍 등에 의해 피해가 나타날 수 있다.

❷ 생태 및 병징과 표징

병원균은 흑잔나비버섯이며 자루가 있고, 갓은 반원형이나 편평하다. 지름은 5~20㎝로 초기 표면의 색은 담황색이지만 차차 암갈색을 띠며 주변은 황색이고, 고리무늬가 보이기도 하며 매끄럽다.

❸ 병원균

담자포자(擔子胞子)는 흑색의 난형(卵形)으로 크기는 5~7×4.5~5㎛이다.

❹ 방제법

병든 나무는 벌채한 후 뿌리는 모아서 태우고 클로르피클린 등으로 토양 소독을 한 후 식재한다.

활엽수근주심재부후병 피해를 입은 나무

활엽수근주심재부후병에 의해 수간이 부패된 모습

산수유각반병

학명 _ *Pseudocercospora fagarae* (Yamamoto) Deighton

산수유각반병 피해를 입은 나무

❶ 피해 상태

7월부터 10월 사이에 주로 발생하며 엽맥의 경계를 중심으로 불규칙한 갈색 반점이 다수 나타난다. 병반이 확대되면 서로 교차되어 잎마름 증세와 조기 낙엽 증세를 보인다.

❷ 생태 및 병징과 표징

병반의 중앙은 회갈색, 주변은 농갈색으로 경계가 뚜렷하다.

❸ 병원균

분생자병은 자좌에 총생한다. 분생포자는 3~10개의 격막이 있고 22~100×4~6.5㎛이며 원통형 또는 곤봉형의 약간 구부러진 형태이다.

❹ 방제법

- 약제 _ 만코제브 수화제(다이센엠-45, 만코지), 클로로탈로닐 수화제(다코닐, 금비라, 새나리)
- 시기 _ 발생 초기
- 방법 _ 약종별로 500~1,000배 희석액을 2주 간격으로 3~4회 살포

산수유각반병 피해를 입은 나무

담쟁이덩굴갈색둥근무늬병(갈색원반병)

학명 _ *Guignardia bidwellii* (Ellies) Viala et Ravaz
Phyllosticta ampelicida (Engelman)

담쟁이덩굴갈색둥근무늬병 피해를 입은 덩굴

❶ 피해 상태

5월 중 · 하순에 반점이 발생하며, 중심부는 담갈색, 주변부는 갈색또는 암갈색을 띠며 건전부와는 뚜렷한 경계를 이룬다.

❷ 생태 및 병징과 표징

잎에 수십 개의 반점이 나타나고 서로 융합하여 큰 부정형의 병반을 형성한다. 잎이 오그라지며 병반에 소립점(병자각)이 나타난다.

❸ 병원균

분생포자는 무색~ 담황색의 구형~긴 원형, 또는 난형이며 단포이고 1개의 부속사가 있다. 크기는 7~9.5×6~7.5㎛이다.

❹ 방제법

- 약제 _ 베노밀 수화제(벤레이트, 다코스)
- 시기 _ 5월 중순
- 방법 _ 2,000배 희석액을 2주 간격으로 2~3회 살포

담쟁이덩굴갈색둥근무늬병 피해를 입은 잎

히말라야시다디플로디아엽고병(가칭)

학명 _ *Diplodia* sp.

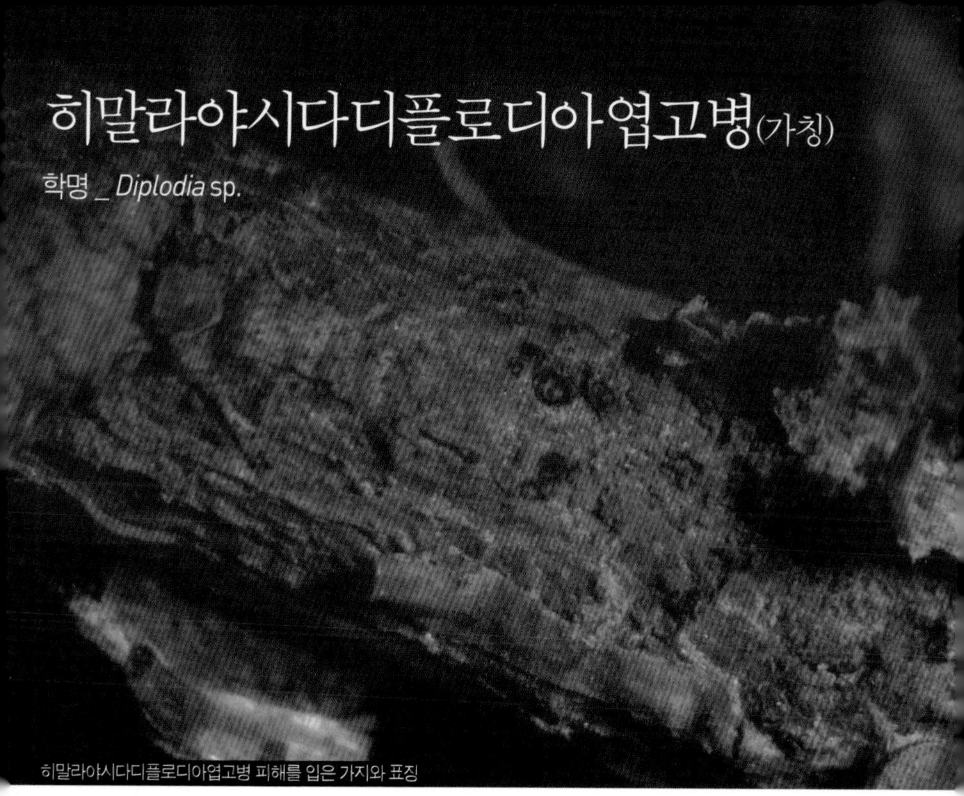

히말라야시다디플로디아엽고병 피해를 입은 가지와 표징

❶ 피해 상태

6~7월경 잎이 갈색으로 변하고 신초가 고사한다.

❷ 생태 및 병징과 표징

고사된 잎이나 죽은 가지에 소립섬이 나타나며 병든 잎이나 가지에서 균사로 월동하고 다음 해에 전염원이 된다.

❸ 병원균

분생포자는 단포 또는 2포로 갈색이고 타원형이다. 평균 크기는 29.3×10.3㎛이다.

❹ 방제법

소나무디플로디아잎마름병 참조

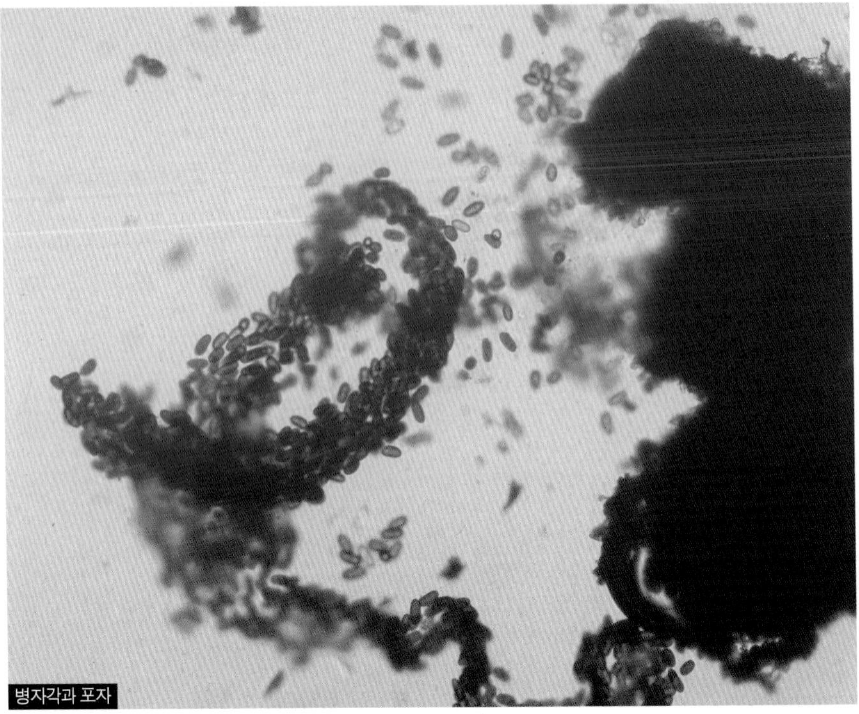

병자각과 포자

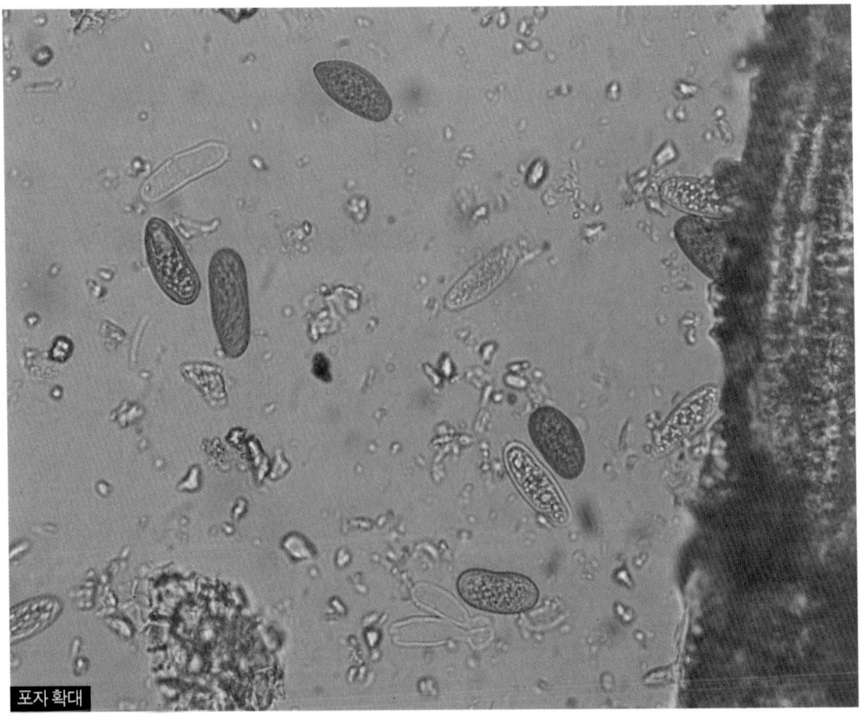

포자 확대

산사나무적성병

학명 _ *Gymnosporangium* sp.

산사나무적성병 피해를 입은 잎(전면)

❶ 피해 상태

향나무와 기주 교대를 하는 대표적인 병으로 잎 표면에 엷은 적갈색의 작은 반점이 나타나며 시간이 경과하면 돌기(녹포자기)가 나타난다.

❷ 생태 및 병징과 표징

모과나무적성병 참조

❸ 병원균

모과나무적성병 참조

❹ 방제법

- 약제 _ 트리아디메폰 수화제(바리톤, 티디폰)
- 시기 _ 산사나무(4월 하순),
  향나무(4월 중순~5월 중순)
- 방법 _ 500배 희석액을 10일 간격으로 3~4회 살포

산사나무적성병 피해를 입은 잎(뒷면)

녹포자기

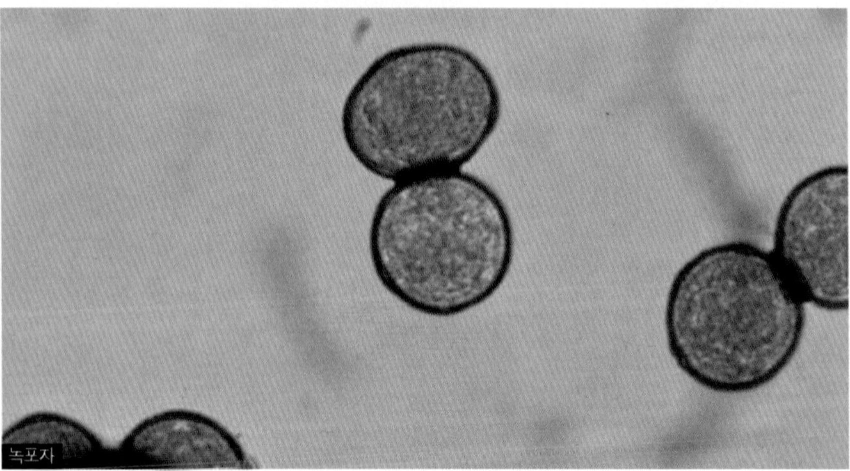
녹포자

대나무붉은떡병

학명 _ *Shiraia bambusicola* Hennings

대나무붉은떡병 피해를 입은 가지

❶ 피해 상태

5월 초순부터 발생하며 작은 가지 선단부의 엽초가 부풀어 오르며 점차 비대해지고 혹은 자라면서 적갈색으로 변한다.

❷ 생태 및 병징과 표징

비대한 조직 내에 자좌가 생기며 그 속에 자낭각이 생긴다.

❸ 병원균

자낭포자는 곤봉상으로 크기는 300~350㎛, 폭은 15~25㎛ 정도이다.

❹ 방제법

햇빛을 적당히 받도록 솎아내기를 하고 감염 대나무는 소각하거나 땅속에 묻는다.

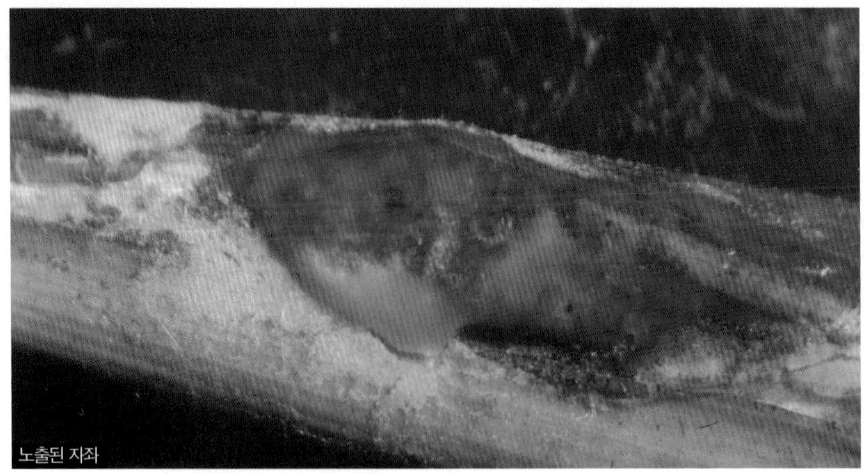
노출된 자좌

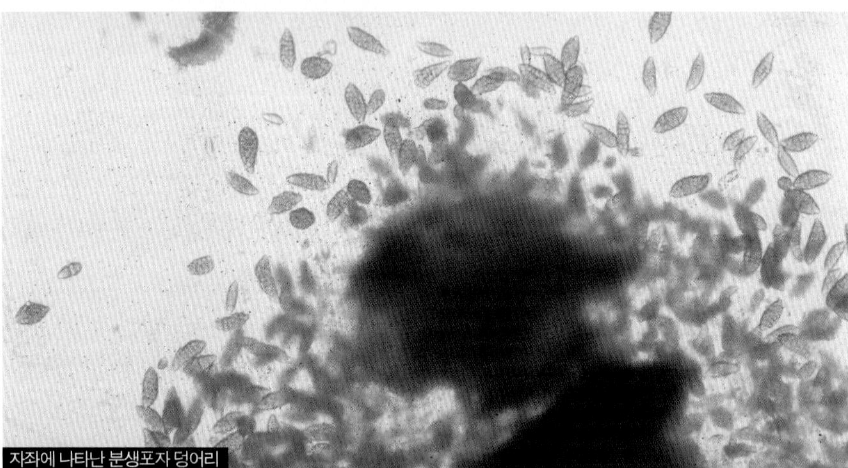
자좌에 나타난 분생포자 덩어리

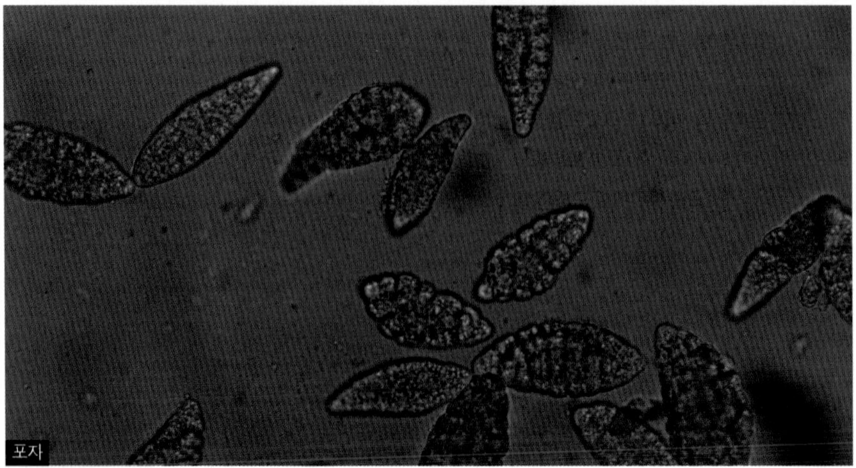
포자

대나무

후박나무페스탈로치아병(가칭)

학명 _ *Pestalotia* sp.

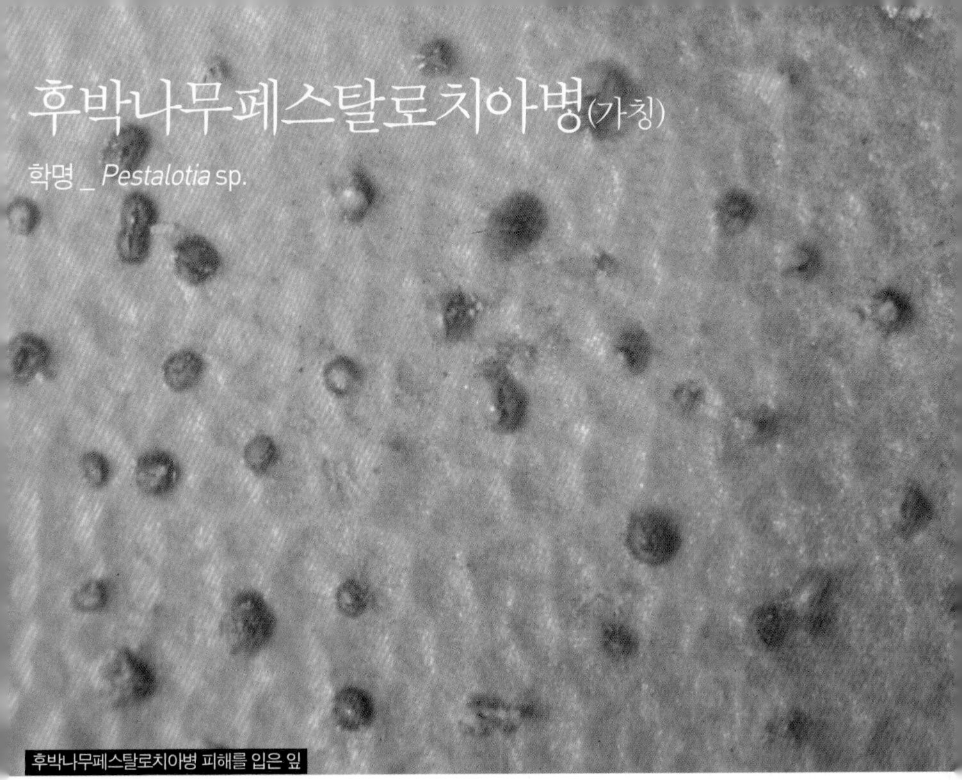

후박나무페스탈로치아병 피해를 입은 잎

❶ 피해 상태

피해가 심한 편은 아니지만 습하면 포자막이 나타난다.

❷ 생태 및 병징과 표징

잎이 갈색으로 변하며 병반 위에 분생자퇴의 소립점이 다수 나타난다.

❸ 병원균

분생포자는 방추형이고 5포로 되어 있으며 부속사가 2~3개 있다.

❹ 방제법

- 약제 _ 만코제브 수화제(다이센엠-45, 만코지),
  티오파네이트메틸 수화제(톱신엠, 지오판)
- 시기 _ 7~8월
- 방법 _ 약종별로 500~1,000배 희석액을 수회 살포

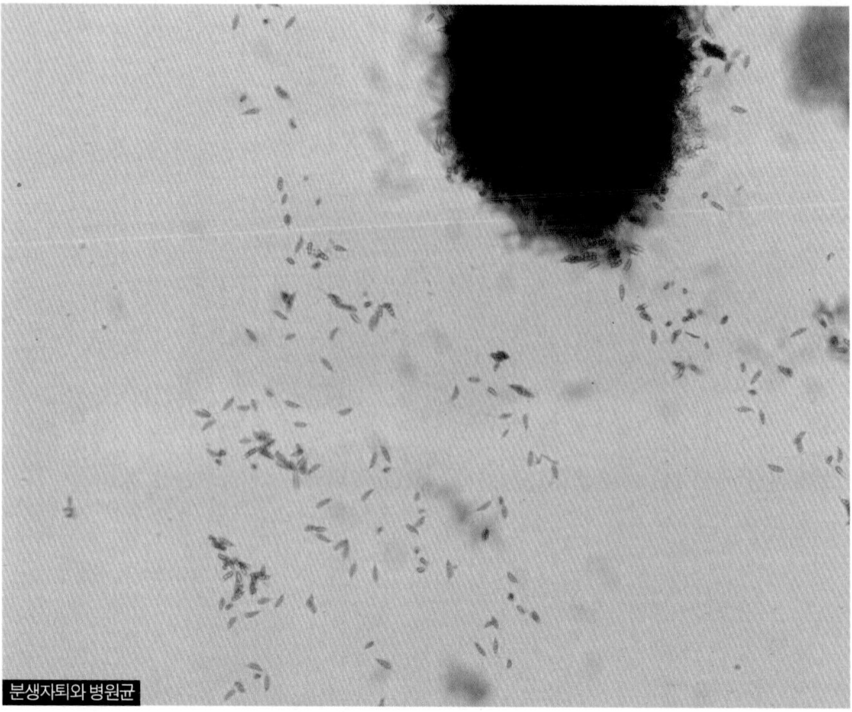

분생자퇴와 병원균

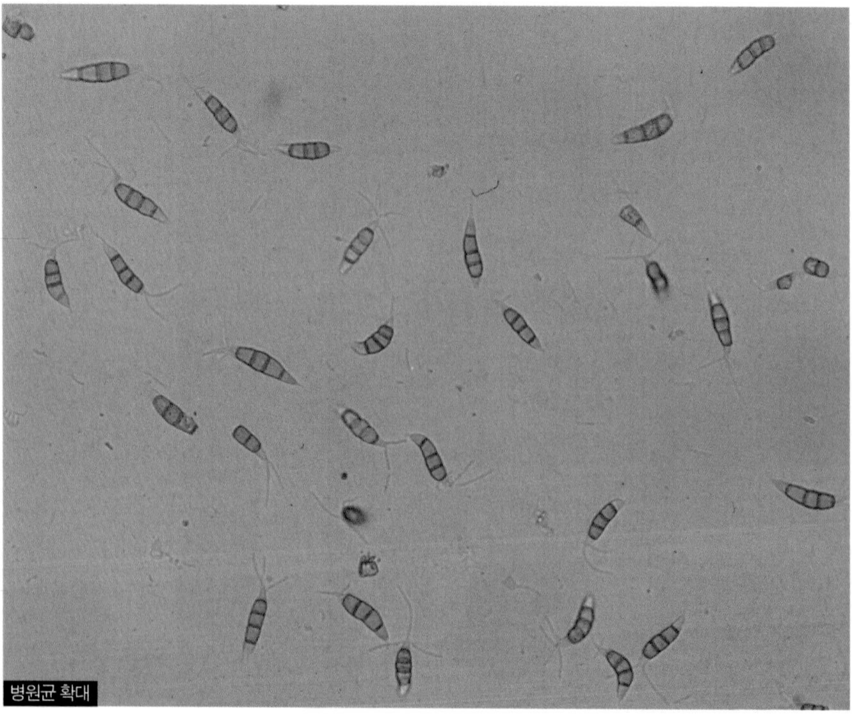

병원균 확대

수목의
비기생성
피해

수간주사 약해(강릉)

❶ 병충해 치료를 위한 수간주사의 약해

- 수종과 주사약제의 종류에 의하여 나타나는 약해
- 침투성 농약 이외의 일반 농약을 주사할 때 나타나는 약해
- 침투성 농약이라도 수종에 따라 나타나는 약해
- 동일한 흉고직경에 동일한 약량을 주입하여도 엽량에 따라 나타나는 약해
- 수간주사 구멍에 의한 피해

❷ 수세회복을 위한 영양제 수간주사의 약해

- 영양제 수간주사액의 조제 잘못에 의한 약해
- 무기양료(질소, 인산, 칼륨, 마그네슘, 철, 망간, 아연, 구리 등)와 생장조절제(생장촉진제, 뿌리촉진제)의 잘못된 희석 농도에 의한 약해
- 포도당, 무기양료, 생장조절제 종류의 잘못된 혼합에 의한 약해
- 수간주사 시 야외 자외선에 의한 화학반응에 의한 약해

수간주사 약해(울산)

약제살포에 의한 피해

벚나무 약제살포로 인해 피해를 입은 벚나무(서울)

약제살포에 의한 피해

- 수종과 사용 약제의 종류에 의하여 나타나는 약해
- 생육 시기에 따라 약제살포 시 나타나는 약해
- 희석 배율에 의하여 나타나는 약해
- 2종류 이상의 약제를 혼합하여 사용할 때 나타나는 약해
- 희석한 약제를 일정기간 경과 후 사용할 때 나타나는 약해
- 2종의 약제 살포 시 근접 살포하여 나타나는 약해

피해를 입은 가지의 상태

공해에 의한 피해

공해 피해를 입은 잣나무 가지(수원)

공해에 의한 피해

- 가시적인 피해는 발생 농도에 따라 급성 피해와 만성 피해가 있음
- 비가시적인 피해는 생리적 피해로 인하여 생장 부진, 수세쇠약의 피해를 보임
- 수종에 따라 감수성의 차이로 인하여 피해의 정도 차이가 있음
- 오염원에 따라 반점, 얼룩, 황화, 점무늬, 탈색 등의 증상이 나타남
- 발생원은 아황산가스(So_2), 오존(O_3), 팬(pan), 이산화질소(No_2), 불화수소(HF), 염소(Cl), 에틸렌(Ch_2Ch_2) 등이 있음
- 발생 지역은 정제소, 광석제련, 비료제조 등 공장지역에서 이산화황, 불화수소, 2차생성물 팬과 오존, 자동차 매연으로 탄화수소, 산화질소를 배출
- 바람이 없고 상대습도가 높으며 저기압일 때 피해가 많이 나타남

공해 피해를 입은 소나무 잎(수원)

공해 병징

공해 피해를 입은 잣나무 잎(울산)

공해 피해를 입은 잣나무 잎의 병징

고속도로변 염화칼슘 피해를 입은 나무(고속도로)

피해 가지

피해 잎

공해에 의한 눈향나무 피해(울산)

공해에 의한 향나무 피해(울산)

공해에 의한 은행나무 피해(울산)

공해에 의한 소나무 피해(울산)

불화수소에 의한 느티나무 피해(수원)

공해에 의해 피해를 입은 은행나무(시흥)

공해에 의해 피해를 입은 은행나무 잎(시흥)

제초제 피해를 입은 소나무(음성)

제초제에 의한 피해

- 제초제에 의한 피해는 선택성 제초제, 비선택성 제초제 2가지가 있음
- 선택성 제초제는 제초제가 토양수분, 강우에 용해되며 토양에 침투되어 수목의 뿌리가 흡수함으로써 잎, 신초 등에 피해가 나타나는 것임(디캄바 : 반벨, 엠씨피피, 2 : 4D)
- 비선택성 제초제는 제초제가 수목의 잎에 묻어서 피해가 나타나는 것임(패러콧 디클로라이드 : 그라목손, 글리포세이트 : 근사미)

제초제 초기 (소나무)

신초가 꼬부라진 피해

신초 이상비대 피해

제초제 피해를 입은 잣나무(경기도)

제초제 피해를 입은 잣나무

제초제 피해를 입은 주목(음성)

피해 말기

제초제 피해를 입은 향나무

제초제 피해를 입은 목련

제초제 피해를 입은 동백나무

제초제 피해를 입은 라일락(음성)

제초제 피해를 입은 라일락 잎

제초제 피해를 입은 철쭉(경남)

제초제 피해를 입은 느티나무(원주)

제초제 피해를 입은 느릅나무 잎

제조체 피해를 입은 오엽송(경남)

제초제 피해를 입은 히말라야시다(전남)

제초제 피해를 입은 벚나무(경남)

제초제 피해를 입은 은행나무(서울)

제초제 피해를 입은 사철나무(전북)

제초제 피해를 입은 버즘나무(강릉)

제초제 피해를 입은 버즘나무 가지(강릉)

버즘나무 잎에 나타난 피해 증상(강릉)

염분에 의한 피해

소나무 염분 피해를 입은 잎

염분에 의한 피해

- 염분 피해는 수종에 따라 강한 수종과 약한 수종이 있음
- 염분 피해 중 급성 피해는 태풍이나 강풍 시 발생한 물보라에 의해 바닷물이 수목의 잎에 묻어 나타나는 피해임
- 염분 피해 중 만성 피해는 염기가 많은 바닷바람에 의해 나타나는 피해임
- 제설용 약제인 염화칼슘, 염화칼륨, 염화나트륨을 사용 시 눈이 녹으면서 토양에 염분이 침투해 뿌리가 흡수함으로써 나타나는 피해
- 제설용 약제로 녹은 물이 자동차 등의 통행으로 수목에 튀어 잎에 나타나는 피해

염분 피해를 입은 은행나무(서울)

해풍에 의한 염분 피해를 입은 벚나무(부산)

해풍에 의한 염분 피해를 입은 벚나무 잎

해풍에 의한 염분 피해를 입은 느티나무(인천)

해풍에 의한 염분 피해를 입은 느티나무 가지

해풍에 의한 염분 피해를 입은 느티나무 잎

해풍에 의한 염분 피해를 입은 버즘나무(충남)

해풍에 의한 염분 피해를 입은 소나무 잎

해풍에 의한 염분 피해를 입은 수림지대(충남)

해풍에 의한 염분 피해를 입은 수림지대(충남)

열해 피해를 입은 고속도로 휴게소의 주목(중부고속도로)

고온에 의한 피해

- 엘리뇨 현상과 각종 공해로 인한 기온 상승으로 나타나는 피해
- 수종의 분포는 난대, 중대, 온대로 나뉘어 그 지역에 적응하여 생장하는데 식재된 수종이 기온 상승으로 주로 한대성 수종의 피해
- 대기온도가 급상승할 때 급성 피해로 잎이 변색되는 피해와 만성 피해로 수세가 서서히 쇠약해지는 피해
- 여름에 직사광선에 의하여 수피가 얇은 수목의 수간에 나타나는 피해

열해 피해를 입은 고속도로변의 주목(중부고속도로)

열해로 인한 볕데기(중부고속도로)

열해 피해를 입은 낙화암(부여)

열해 피해를 입은 낙화암 소나무림(부여)

열해 피해를 입은 낙화암 하단부 소나무(부여)

복토 피해를 입은 주목(전북)

복토에 의한 피해

- 지표면에 흙을 복토할 경우 토양 산소 부족으로 수세 쇠약, 수관 파괴, 고사까지 나타나는 피해
- 아스콘, 시멘트, 포장으로 토양의 공기유통이 차단되어 수세 쇠약, 수관 파괴, 고사까지 나타나는 피해
- 노령목의 경우 토양 유실로 뿌리가 노출된 것을 복토할 경우 수세 쇠약, 수관 파괴, 수명 단축 피해

복토 피해를 입은 주목(전북)

복토 피해를 입은 은행나무(서울)

복토 피해를 입은 은행나무(서울)

복토 피해를 입은 청귤나무(제주)

복토 피해를 입은 청귤나무(제주)

복토 피해를 입은 감나무(서울)

복토 피해를 입은 감나무(서울)

복토 피해를 입은 느티나무(충남)

복토 피해를 입은 느티나무(충남)

복토 피해를 입은 소나무(충남)

복토 피해를 입은 소나무(충남)

복토 피해에 의하여 고사된 백송(보은)

복토된 모습(보은)

복토로 인해 뿌리가 지제부로 모인 상태(보은)

복토 및 생육공간 협소로 조기낙엽된 배롱나무(경북)

복토 및 진흙포장으로 피해를 입은 느티나무(경주)

태풍에 의한 피해

태풍, 폭우, 설해에 의한 피해

- 태풍의 강풍에 의하여 가지가 찢어지고, 갈라지고, 부러지고, 쓰러지는 피해
- 폭우로 인하여 지표면이 물에 잠겼을 때 뿌리의 산소 부족으로 수세 쇠약이 심해지면 고사되는 피해
- 온난화현상으로 습한 눈이 내려 나무의 잎(특히 상록수)에 쌓였을 때 그 하중에 의하여 가지가 부러지고, 갈리지고, 찢어지고, 휘어지는 피해

태풍에 의한 피해(울주)

태풍에 의한 피해(고흥)

태풍에 의한 피해(경주)

태풍에 의한 피해(경주)

태풍에 의한 피해

눈에 의한 피해(보은)

눈에 의한 피해(보은)

도로개설에 의한 피해

도로개설로 인해 피해를 입은 수목(포항)

도로개설에 의한 피해

- 수목의 생장은 유전적인 요인보다 환경적인 요인의 지배를 받음
- 토양 환경 변화는 고체, 액체, 기체의 변화를 일으켜 수목의 생장에 피해가 나타남
- 토목공사, 건축공사, 도로공사 등에 의하여 일어나는 토양 환경 변화는 수목에 피해가 나타남
- 노거수목의 수관 파괴, 수세 쇠약, 줄기 고사는 토양 환경 변화로 인하여 나타나는 경우가 많음

도로개설로 인해 피해를 입은 소나무(포항)

도로개설로 인해 피해를 입은 소나무(포항)

도로개설로 피해를 입어 고사된 나무 뿌리(포항)

도로개설로 인해 피해를 입은 느티나무 피해 초기(서산)

도로변 지표면의 상태(서산)

고사된 느티나무(서산)

고사된 느티나무 지표면 상태(서산)

도로개설로 피해를 입은 벚나무(군산)

도로개설로 피해를 입은 벚나무(군산)

도로개설로 피해를 입은 버즘나무(청양)

해안가 도로개설로 피해를 입은 소나무(전남)

해안가 도로개설 모양(전남)

해안가 도로개설로 고사된 나무를 제거(전남)

개울가 도로개설로 피해를 입은 소나무(강원)

개울가 도로개설 모양(강원)

개울가 도로개설 근경(강원)

약품 피해

약품으로 벽면 세척을 하여 피해를 입은 소나무(서울)

약품 피해

- 건물을 세척하는 경우 약품을 첨가하여 실시하는데 세척과정에서 수목의 잎 등에 약품이 묻어 피해가 나타남
- 세척제가 묻은 부분에서 피해가 나타나므로 불규칙한 피해 증상을 보임

약품으로 벽면 세척을 하여 피해를 입은 잎

약품으로 벽면 세척을 하여 피해를 입은 주목나무

염산에 의해 피해를 입은 소나무(용인)

염화칼슘 피해를 입은 버즘나무(강릉)

염화칼슘 피해를 입은 버즘나무 가지(강릉)

잎에 나타난 피해 증상(강릉)

생리적 피해

과습으로 피해를 입은 소나무(전북)

생리적 피해

- 수목의 생장에 부적당한 환경이 되었을 때 수목 자체적으로 피해가 나타남
- 특히 토양과 관련하여 수분 과다 및 부족, 토양 공극의 부족, 무기영양소의 과다 및 부족 등에 의해 피해가 나타남
- 피해 양상은 전체적으로 나타나는 경우가 많음

토양의 과습 상태

독극물에 의한 피해

독극물 피해를 입은 곰솔(전주)

독극물에 의한 피해

- 지표면이나 수목의 수간에 독극물을 주입하여 수목이 고사하는 피해
- 수목으로 인한 분쟁지역일 경우, 또는 경제적인 이유로 인위적으로 독극물을 처리하여 수목을 고사시키는 경우가 많음
- 제초제나 화학약품을 주입하는 것이 일반적임

독극물 투입을 위하여 뚫은 구멍(전주)

치료 후의 모습(전주)

나무병해도감 국문 색인

ㅅ

ㅇ

ㅈ

ㅊ

ㅌ

ㅍ

ㅎ

나무병해도감 영문 색인

A

B

C

D

R

S

T

U

V

X